中国电建
POWERCHINA

中国电建集团西北勘测设计研究院有限公司

复杂超深覆盖层工程 勘察研究及应用

刘昌　巨广宏　叶飞　安晓凡　符文熹　王文革　著

中国水利水电出版社
www.waterpub.com.cn
·北京·

内 容 提 要

　　本书针对复杂超深覆盖层勘察难点与高闸坝建设技术要求，系统研究了超深覆盖层的工程地质特性，在超深覆盖层勘察、现场原位试验、砂层液化判别、变形控制参数和防渗参数取值等方面取得了一系列创新成果。本书的主要内容包括：超深覆盖层联合勘察方法和成因类型研究与岩组划分（第2章和第3章），超深覆盖层物理力学试验、原位试验和水文地质参数测试（第4章、第5章和第6章），超深覆盖层关键参数取值（第7章），超深覆盖层主要工程地质问题（第8章），超深覆盖层工程处理措施及治理效果评价（第9章），共五个方面。

　　本书融入了作者多年研究成果，借鉴了国内外深厚覆盖层工程地质特性评价的最新理论和方法，可供从事水电工程勘察、设计、施工的技术人员和科研人员参考。

图书在版编目（CIP）数据

复杂超深覆盖层工程勘察研究及应用 / 刘昌等著.
北京 ： 中国水利水电出版社，2024. 8. -- ISBN 978-7
-5226-2555-3

Ⅰ. TV22

中国国家版本馆CIP数据核字第2024D6Z247号

书　　名	**复杂超深覆盖层工程勘察研究及应用** FUZA CHAOSHEN FUGAICENG GONGCHENG KANCHA YANJIU JI YINGYONG
作　　者	刘　昌　巨广宏　叶　飞　安晓凡　符文熹　王文革　著
出版发行	中国水利水电出版社 （北京市海淀区玉渊潭南路1号D座　100038） 网址：www.waterpub.com.cn E-mail：sales@mwr.gov.cn 电话：(010) 68545888（营销中心）
经　　售	北京科水图书销售有限公司 电话：(010) 68545874、63202643 全国各地新华书店和相关出版物销售网点
排　　版	中国水利水电出版社微机排版中心
印　　刷	北京中献拓方科技发展有限公司
规　　格	184mm×260mm　16开本　12.25印张　298千字
版　　次	2024年8月第1版　2024年8月第1次印刷
定　　价	**108.00元**

前　言

作为国家战略资源，清洁能源受到党中央高度重视。党的十八大以来，以习近平同志为核心的党中央明确提出要深入推进能源革命，为新时代我国能源高质量发展指明了方向、开辟了道路。水电是一种重要清洁能源，不产生碳排放或污染。作为可再生能源，只要有水，水电就用之不竭。

我国西南地区水能资源蕴藏量达 6.8×10^8 kW。据不完全统计，2020 年我国水力发电装机容量已达 3.7×10^8 kW。国家"十四五"规划指出，到 2030 年我国水电装机容量约为 5.2×10^8 kW，其中常规水电 4.2×10^8 kW、抽水蓄能 1.0×10^8 kW。

虽然我国西南地区金沙江、雅砻江、大渡河、岷江和嘉陵江等流域水能资源丰富，但是这些流域所在地区山高坡陡、峡窄谷深，长期的地质历史演化使得深切峡谷堆积了成因复杂的覆盖层。这类覆盖层分布规律性差、结构和级配变化大，常有大粒径的漂卵石，间有直径 1m 以上的大孤石。另外，覆盖层透水性强，粉细砂及淤泥在空间上呈分层或透镜分布，导致物质组成极不均一。因此，在深厚覆盖层上建坝会面临地基沉降与不均匀变形、承载性能、抗滑稳定和渗透稳定等工程难题。

当前，绝大多数水电站的主要建筑物都坐落在基岩上。以往对水电建筑物的地基处理采取的工程措施相对简单，工程技术人员对建筑物地基变形和稳定问题也关注较少。近年来，由于坝址区覆盖层过厚、下伏基岩埋藏过深，一些水电站很难将其建筑物直接布设在岩基上。相应地，建筑物基础面以下仍有数十米乃至数百米厚度的覆盖层。水电建筑物结构庞大、基础应力较大，加之蓄水防渗的特殊要求，对建筑物地基沉降与不均匀变形、承载性能、抗滑和渗透稳定等提出了很高的要求和控制标准。

国内外均有在深厚覆盖层上筑坝的工程案例。巴基斯坦的 Tarbela 土石坝坝高 145m，坝基砂卵石覆盖层厚度达 230m；智利的 Puclaro 电站为混凝土面板堆石坝，坝基覆盖层厚度达 113m；埃及的 Aswan 大坝高度 111m、长度 3830m，坝基覆盖层最大深度达到 225m；法国的 Serre - Poncon 和 Mont - Cenis 是 20 世纪修建的两座心墙土石坝，坝高分别为 129m 和 121m，覆盖层最大厚度分别为 110m 和 102m；加拿大在最大厚度为 160m 和 71m 的覆盖层上采用了混凝土防渗墙，分别修建了坝高 107m 的 Manic-I 电站和坝高 150m 的 Big Horn 电站；意大利兴建的 Zoccolo 电站坝基覆盖层最大深度约 100m，为混凝土面板堆石坝；越南在厚度 70m 的覆盖层上兴建了 128m 高的 Hepin 心墙堆石坝；我国大渡河支流的冶勒水电站坝址钻探深度达到 420m，对应的覆盖层仍未揭穿。综上可知，河床覆盖层厚度大多在 200m 以下，超过 300m 的超深覆盖层非常少见。

因此，河床超深覆盖层具有成因多样、结构复杂的特征，其物理力学性质的差异也较为显著。本书针对超深覆盖层勘察与工程治理的技术问题，采用现场地质调查、物探钻探洞探、室内试验、原位测试、数值模拟和监测反馈等综合手段，全面总结了深厚覆盖层的勘察方法，分析了超深覆盖层的成因机制，揭示了超深覆盖层的结构特征，得到了超深覆盖层的物理力学参数，进而系统评价了超深覆盖层上建坝的主要工程地质问题，并在工程治理的基础上开展了现场原位监测和数值计算的反馈验证。研究成果揭示了 400m 级复杂超深覆盖层的工程地质特性，为深厚覆盖层电站建筑物地基处理提供了基础资料，为后续在类似地基上修建水电建筑物提供了科学依据和技术支撑。此外，研究成果能够进一步提升超深覆盖层勘察与处理水平，促进行业技术进步。

本书作者长期从事水电工程地质勘测、基础处理与研究工作，经过数十年理论研究和工程实践，在深厚覆盖层工程地质特性评价和水电站地基处理方面积累了丰富经验。

本书主要内容包括：超深覆盖层联合勘察方法和成因类型研究与岩组划分（第 2 章和第 3 章），超深覆盖层物理力学试验、原位试验和水文地质参数测试（第 4 章、第 5 章和第 6 章），超深覆盖层关键参数取值（第 7 章），超深覆盖层主要工程地质问题（第 8 章），超深覆盖层工程处理措施及治理效果评价（第 9 章）。

本书得到了中国电建集团西北勘测设计研究院有限公司、四川大学、成都理工大学和南京水利科学研究院等单位及同仁的大力支持，在此表示诚挚的感谢和由衷的敬意。

由于作者水平有限，本书难免有错漏之处，敬请读者批评指正。

作者

2024 年 3 月

目　　录

第1章 绪 论

我国水电开发 100 多年来，绝大多数水电站（尤其是大、中型水电站）建筑物都坐落在岩基上。以往对电站建筑物的地基处理措施相对简单，工程技术人员对建筑物地基变形和稳定问题也关注较少。21 世纪以来，我国水电开发向更高更远推进，站址、坝址区覆盖层过厚、下伏基岩埋藏过深，许多水电站很难将建筑物直接布设在基岩上。相应地，建筑物基础以下仍有数十米乃至数百米厚度的覆盖层。水电建筑物往往结构庞大、基础应力大，加之蓄水防渗的特殊要求，对建筑物地基沉降与不均匀变形、承载性能、抗滑和渗透稳定等要求很高。因此，有必要对复杂巨厚覆盖层的工程地质特性开展深入、系统的研究。同时，研究成果也可为复杂覆盖层上的水电建筑物地基处理积累基础资料，为今后类似水电建筑物地基勘察与处理提供科学依据。

我国的深厚覆盖层多分布于西南地区的高山峡谷中，而该地区也是我国水能资源最为丰富的区域。因此，在水电水利工程勘察设计中，对西南地区河谷深厚覆盖层开展研究具有重要的现实意义。总体而言，西南地区河床覆盖层厚度大多在 200m 以下，超过 300m 厚度的屈指可数。经查证，大渡河支流的冶勒水电站坝址钻探深度 420m，对应的覆盖层仍未揭穿。随着我国"十四五"推进和"双碳"目标实现，西部地区水电站进一步开发建设，越来越多的水电站修建在超过 300m 厚度的覆盖层上。河床深厚覆盖层成因多样、结构复杂、物理力学性质多变，对超过 300m 厚度的覆盖层开展勘察基础与处理措施的系统研究，有利于促进行业技术进步，亦可为在深厚覆盖层上建坝提供技术支撑。

1.1 河床深厚覆盖层建坝现状

我国西南地区的金沙江、雅砻江、大渡河、岷江和嘉陵江等流域水能资源丰富，相应的河床覆盖层也较深厚，一般厚度在 50m 以上。目前揭露的河床覆盖层超过 300m 厚的水电站仅有两座。例如，大渡河支流南桠河的冶勒水电站，坝址区覆盖层最大厚度达到 420m 以上，是我国已建水电工程中发现的最深覆盖层。本书依托的我国西部地区某水电工程，其河床覆盖层最大厚度达到 365m。

国外已有不少在深厚覆盖层上筑坝修建水电站的工程实例，例如：巴基斯坦的 Tar-bela 土石坝坝高 145m，坝基砂卵石覆盖层厚度达 230m；智利的 Puclaro 电站为混凝土面板堆石坝，坝基覆盖层最厚达 113m；埃及的 Aswan 大坝高度为 111m、长度 3830m，坝基覆盖层最大厚度达到 225m；法国的 Serre - Poncon 心墙土石坝和 Mont - Cenis 心墙土石坝是 20 世纪修建的两座水坝，坝高分别为 129m 和 121m，覆盖层最大厚度分别为 110m 和 102m；加拿大在最大厚度为 160m 和 71m 的覆盖层上采用了混凝土防渗墙，分别修建了坝高 107m 的 Manic - I 电站和坝高 150m 的 Big Horn 电站；意大利兴建的 Zoccolo 电站坝基覆盖层最大深度 100m，为混凝土面板堆石坝；越南在 70m 厚的覆盖层上兴建了 128m 高的 Hepin 心墙堆石坝。

这类覆盖层分布规律性差、结构和级配变化大，且常有粒径 20～30cm 的漂卵石，间有直径 1m 以上的大孤石，伴随架空现象。另外，覆盖层透水性强，粉细砂及淤泥呈分层或透镜分布，组成极不均一。

河床深厚覆盖层一般是指厚度大于 50m 的第四纪松散沉积物。据不完全统计，国内外在超过 50m 的深厚覆盖层上修建的水电站见表 1.1 和表 1.2。我国河床深厚覆盖层分布也十分广泛，如四川省一些主要河流的河床均存在深厚覆盖层现象。

表 1.1　　　　　　　国内已建覆盖层厚度大于 50m 的水电站统计表（部分）

水电站名称	河流名称	始建年份	覆盖层厚度/m
乌东德	金沙江	2015	73
白鹤滩	金沙江	2013	54
向家坝	金沙江	2006	80
锦屏二级	雅砻江	2007	51
双江口	大渡河	2016	68
金川	大渡河	2019	65
丹巴	大渡河	2010	128
猴子岩	大渡河	2011	86
长河坝	大渡河	2010	79
黄金坪	大渡河	2010	134
泸定	大渡河	2011	149
硬梁包	大渡河	2019	116
冶勒	大渡河	2001	＞ 420
瀑布沟	大渡河	2004	63
龚嘴	大渡河	1966	70
铜街子	大渡河	1985	70
十里铺	岷江	2008	96
福堂	岷江	2000	93
太平驿	岷江	1991	80
映秀	岷江	1965	62
阴坪	火溪河（四川）	2006	107
小天都	瓦斯河（四川）	2003	96
雪卡	巴河（西藏）	2009	55
老虎嘴	巴河（西藏）	2006	80
江边	九龙河（四川）	2011	109
吉牛	革什扎河（四川）	2014	80
本书依托工程	—	2010	365

表 1.2 国外已建覆盖层厚度大于 50m 的水电站统计表（部分）

水电站名称	国　家	河　流	覆盖层厚度/m
Aswan	埃及	尼罗河	225
Manikuagan	加拿大	马尼夸根河	130
Tarbela	巴基斯坦	印度河	230
Puclaro	智利	艾尔基河	113
Serre - Poncon	法国	迪朗斯河	110
Mont - Cenis	法国	阿尔克河	102
Manic - I	加拿大	马尼夸根河	160
Big Horn	加拿大	萨斯喀彻温河	71
Zoccolo	意大利	瓦尔苏拉河	100
Hepin	越南	沱江	70

河床深厚覆盖层具有结构松软、岩组不连续的特征。其成因类型复杂，岩性在水平和垂直两个方向上均有很大变化，物理力学性质（包括渗透性）呈现出明显的不均匀性。深厚覆盖层勘察方面的研究包括钻探取样、分层、厚度确定、形成年代确定、成因类型分析以及物理力学指标测试等。覆盖层与水电建筑物的地基处理和加固有密切的关系。

根据国内外已建、在建和正在开展前期勘测的水电站河床覆盖层厚度，将河床覆盖层厚度 d 分为表 1.3 所示的 6 种类型，即Ⅰ（浅）、Ⅱ（较浅）、Ⅲ（较深）、Ⅳ（深厚）、Ⅴ（特深）、Ⅵ（超深）。本书依托工程的覆盖层最厚达 365m，属Ⅵ类，即超深覆盖层。

表 1.3 基于厚度的河床覆盖层划分类型

厚度 d/m	$0 < d \leqslant 10$	$10 < d \leqslant 20$	$20 < d \leqslant 50$	$50 < d \leqslant 100$	$100 < d \leqslant 300$	$d > 300$
类型	Ⅰ	Ⅱ	Ⅲ	Ⅳ	Ⅴ	Ⅵ
	浅	较浅	较深	深厚	特深	超深

国外对河床深厚覆盖层的研究起步较早。Fisk 等（1955）发现密西西比河的晚第四系三角洲沉积与河谷深切有着密切的关系。Wilkinson 等（1977）在对 Lavaca 海湾的研究中也同样发现河谷深切的现象。Dalrymple 等（1994）对一个河谷流域复杂并且持续上升的过程进行了高分辨率的地层研究，并分析了河谷充填与海侵之间的联系。在我国水电开发过程中，勘探工作揭露出西南各河流同样存在深厚覆盖层现象，相关学者和工程技术人员对我国河床深厚覆盖层的工程特性、勘探手段和方法、修建大型工程的适宜性、地基处理技术与检测手段等方面也开展了较为系统的研究。

因工程实践需要，目前深厚覆盖层的研究大多集中在覆盖层上修建各种坝体时的工程处理和分析，如深厚覆盖层勘探方法、建基面选择、大坝设计、大坝施工工艺，还包括对地基承载性、防渗、不均匀沉降、沙土液化等相关地质问题的处理，以及工程竣工后的检测、监测和试验等。例如，"六五"国家科技攻关项目"深厚覆盖层建坝研究"，在深厚覆盖层勘探工艺和取样技术、深厚覆盖层综合测试技术方法、深厚覆盖层工程特性试验、深厚覆盖层防渗墙建坝试验及数值分析、深厚覆盖层坝基混凝土防渗墙施工技术及原型观测研究方面取得了一定成果。钟诚昌（1996）在向家坝坝址区运用综合物探方法，查明了覆盖层、断层、夹层等工程地质问题。孟永旭（2000）评价了下坂地水库坝址区深厚覆盖层工程特性及主要地质问题，并对深厚覆盖层的形成原因进行了分析。冯建明（2001）采用了一系列新的钻探技术措施，在田湾河大发电站闸址深厚覆盖层实际勘探工作中取得了较好的实际效果。陈星等（2004）利用浅层地震折射波法，快捷准确地探测了河床覆盖层厚度。李仁鸿（2005）利用线弹性有限元分析方法，研究了在狭窄河谷深厚覆盖层上修建拱坝的可行性。

然而，对河床深厚覆盖层取样、测试、分层及分析鉴定仍存在许多具体问题亟须解决。因此，进一步探究河床深厚覆盖层的勘察方法具有实际工程意义。

1.2　深厚覆盖层钻探取样研究

钻探取样的目的是查清河床深厚覆盖层的分布规律和组成结构，并为各层岩组鉴定和室内测试提供试样。在河床深厚覆盖层钻探过程中，一般需要解决孔斜和护壁两大难题。对于孔斜问题，可采用钻铤加压、严格遵守钻探设备安装规范来控制，也可采取相应的钻进工艺，如低转速慢扫孔。对于护壁问题，常用的解决方案有泥浆循环、下套管、灌注水泥浆等（李志远，2012），以及无黏土冲洗液钻进法（隆威等，2011）。钻进工艺大多采用裸孔钻进、跟管钻进、泥浆回转钻进（张拥军等，2019），广泛应用螺旋钻进法和振动钻进法。在钻进过程中，要求全孔连续取样且保持孔底清洁，以满足分层及测试需要，不同地层采用不同钻进方法（王晓秋，1988）。

钻孔取样直接影响勘探结果的精度。然而，河床深厚覆盖层取样却存在很大困难，如样品易受扰动。特别是地下水位较高时砂层可变为流砂，砾石在钻孔中随钻杆转动细颗粒提取易漏失。为此，在钻探中需解决土样扰动、地层混层、地层漏层等问题（黄大明等，1986）。减少土样扰动主要取决于钻进取样方法和取样器构造（林在贯，1981）。下面重点介绍黏性土与粉细砂层原状土样、粗砂与砂砾石层扰动样的采取方法。

1.2.1　黏性土与粉细砂层原状土样的采取

自1949年伏斯列夫（Hvorslev）发表关于钻探取样的经典著作之后，针对黏性土与粉细砂层已基本建立了一套通用的常规取样方法。由于种种原因影响，目前我国对河床覆盖层原状样的采取方法主要有以下几种（鲍士敏，1981；魏汝龙，1986）：

（1）真空活塞取砂器法。该取砂器是黄河水利委员会在真空薄壁取砂器的基础上改进而成的，取样时采用静压法将取样器均速压入地层，能顺利进行粉砂、细砂、中砂原状样的采取。与国内其他取样器相比，该方法对试样的扰动程度相对较低，其缺点是操作复杂。

（2）自动超前切割靴取样器法。该方法从法国引进，可取出原状黏性土样和粉砂、细砂、中砂样，是同类取样器中扰动最小的一种。由于取样超前于钻进深度，因此避免了钻孔冲洗液冲刷土样。并且，可随地层软硬程度自动施加取样压力和选取不同长度的切割器。管内装有可更换的装砂样塑料套管，可连续包装取样，因此操作方便、速度快。该方法的缺点是取样器切割靴较薄，取样遇到砾石时容易损坏。

（3）敞口式原状取土器法。这种取土器操作方便、耐用，目前仍广泛应用于软土和一般黏性土。该方法缺点是取样器属于厚壁型，对土样扰动较大。

1.2.2 粗砂与砂砾石层扰动样采取

地下水位以上的近地表砂砾石层多采用试坑体积法和沉井法，采取全级配的扰动样来进行颗分、容重、剪切和压缩等试验。对地下水位以下埋深较大的砂砾石层，很难取得原状样或保持天然级配的扰动样。

1.2.2.1 早期方法

我国早期主要对双层套管打入法和管靴抽筒提取法开展研究，两种方法简介如下：

（1）双层套管打入法。该方法适用于10～50m厚的砂砾石层钻探取样，其原理是采用比护壁套管小一级的套管作为粗径钻具，用重锤打入法钻进取样。该方法的优点是不受地下水位影响，可分段连续采取砂砾石样品，结构简单、使用方便，目前在我国广泛应用。受管径限制，超出管径的砾石有不同程度破损，样品严重失真。而且由于套管用重锤打入，对管材要求较高。此外，套管起拔困难、速度慢、成本高。

（2）管靴抽筒提取法。在砂砾石冲击钻进中，利用带管靴刀刃的活门抽筒取样，可提取钻进中所有岩样。该方法的缺点是扰动大，容易有细颗粒漏失。

1.2.2.2 新方法

由于河床深厚砂砾石层钻进取样难度大，迫切需要使用其他新方法解决该问题。近年来我国开展了大量研究，形成了SM植物胶钻进取样法和冰冻取样法，这两种方法介绍如下：

（1）SM植物胶钻进取样法。该方法由水电部成都勘测设计院提出，是国家“六五”计划重点技术攻关项目，成果已通过鉴定并获水电部1986年科技进步一等奖。SM植物胶钻进取样法是以SM植物胶代替一般钻进冲洗液（如泥浆），解决了未胶结砂砾石层孔壁不稳、岩样扰动大、钻头钻具受力恶劣等难题，克服了综合测井试验时钻进泥浆或套管对测试成果的影响。该方法的技术关键是SM植物胶，它是以野生植物为主要原料加工而成，无毒无污染、易加工、使用方便。SM植物胶的主要性能与作用有：流变性强，具备很强的护壁防塌能力，尤其对岩芯具有良好的胶结作用，能取出保持原状结构的薄砂层和夹泥层；具有良好的弹性减振作用和润滑性，从而减轻钻具对岩芯和孔壁的摩擦振动等作用和提钻时产生的抽吸作用。经过紫坪铺水电站、瀑布沟水电站、冶勒水电站等工程实践表明，该方法具有显著的优越性和经济性（李辉，2012）。

（2）冰冻取样法。该方法由黄河水利委员会设计院和河北水利设计院联合提出。具体步骤是：首先，用重锤打入一口径适中（如直径168mm）的套管（外管），用取样器取出管内岩芯；然后，将口径较小（如直径110mm）底部封闭的套管（内管）下入孔中，再拔出外管，向内管注入酒精和干冰，酒精挥发和干冰融化将吸收大量的热量，导致水下砂砾石层冻结；最后，用千斤顶和吊车将内管吊起，此时冻结的砂砾石岩样也随之取出。陆浑水电站的试验表明，该方法基本上可取得原状试样。但是有关工艺（如起重设备）仍待完善，且造孔和起重设备较复杂，干冰储存运输困难、费用高。

1.2.3 国外钻探取样技术

对于黏性土层和粉细砂层，欧美、日本、俄罗斯等国家的取样工具基本成熟，但是土样扰动问题仍没有很好地解决。

对于砂砾石层，欧美国家目前采用的较为先进的方法如下：

（1）OD 钻进法。该方法由瑞典提出，采用风动凿岩机式钻机，钻具由内钻杆和外套管柱组成，兼有冲击和回转功能，并有足够大的扭矩能有效进行含有巨砾的覆盖层钻进。

（2）ODEX 钻进法。该方法由瑞典提出，在欧洲和北美洲已广泛使用。其主要特点是在金刚石钻进中套管跟随钻头而下，不承受扭矩和过大的冲击荷载，因而可用材质相对较差且廉价的套管。由于套管不需回收，且下套管和钻进同时进行，因而具有成本较低的优点。

（3）VPRH 钻进法。该方法由法国提出，是一种双管空气反循环钻进取样法，具有振动、冲击、回转、液压四种功能，由内管产生负压将砂砾石吸出。双套管既是钻杆也是套管，钻进和取样同时连续进行，取样效率高、钻进深度大、劳动强度低。但是取出的样品扰动较大，且因孔壁细颗粒被吸出导致细颗粒含量偏高。

1.3　深厚覆盖层分层研究

河床深厚覆盖层通常依据钻孔岩芯划分。但是，因钻探取芯技术的局限性，常常出现漏层和混层等问题。而且，因覆盖层成层的连续性差，故少量钻探资料很难查清覆盖层的分层规律。因此，工程物探技术在工程建设中具有很重要的作用。工程物探在帮助探知地质情况的同时，结合钻探资料即可完成对覆盖层的探测。对覆盖层进行探测时，可按覆盖层厚度和测区地形条件选择物探方法，也可按物性条件选择物探方法。

目前国内外广泛采用自然伽马测井进行河床深厚覆盖层分层。该方法克服温度、压力、化学性质以及一些人为因素的影响，与钻探资料相互验证，能够提高地层划分的准确度。利用自然伽马测井划分地层，具有速度快、效益高的优点。大量工程实践证明，自然伽马测井能较为准确地划分出厚度大于 5cm 的泥质薄层，这些薄层往往是工程建设所关心且钻探取芯中最容易忽略的。目前，自然伽马测井的主要问题是统一套管规格和造孔条件，且应尽量避免泥浆钻进。国内外先进的测井仪器有 T3000 和 T3100 系列综合测井仪。

覆盖层探测常用的物探方法还包括浅层地震勘探、电法勘探和电磁法勘探等。不同的物探方法结果可能会有所差异，因此覆盖层物探应结合测区物性条件、地质条件和地形特征等，合理选择一种或几种能够达到最佳效果的技术。浅层地震勘探具有精度高、分辨率高、探测深度大且对场地要求较小等优点，在地质勘探中发挥着重要作用。浅层地震勘探可分为反射波法、折射波法和透射波法，工程勘察中可根据勘探精度和适用性选择不同方法。

相比折射波法，反射波法对场地的开阔程度要求不高，且激发所用的爆炸药量较小，因此被广泛使用。地震勘探的原理是基于地层岩石之间弹性参数的差异。反射波法反映的是波阻抗界面，不同地层的波阻抗不同，可以根据岩石弹性参数的差异划分覆盖层与基岩的分界面，以达到探测覆盖层厚度的目的。

高密度电阻率法具有探测密度高、信息量大、工作效率高的优点，能够直观反映出一定厚度或规模的软弱夹层、砂层、空洞和地下水位。根据岩矿石的电性差异可以对地层进行分层，有助于在工程施工过程中较准确找出病害区和基岩面，是覆盖层探测的可选方法。

以地质雷达为代表的电磁法具有勘探精度高、对场地范围和起伏程度要求不高、探测方向性好等优点，对厚度较薄的地层反映清晰，对富水区、破碎带和空洞反映明显，可以根据覆盖层和基岩之间介电常数的差异对覆盖层厚度进行探测。

1.4   深厚覆盖层厚度确定研究

确定河床深厚覆盖层厚度存在的主要困难是基岩面起伏不平，且往往分布有深槽。要彻底查清深厚覆盖层的分布规律，仅靠有限的钻探资料难以实现。目前，国内外广泛采用的浅层地震勘探能有效解决这一难题。浅层地震勘探能迅速做出基岩等高线图，借助少量钻探资料验证，可精确获得河床深厚覆盖层的厚度和深槽的分布规律。

黄河水利委员会的实践表明，该方法的精度可以达到 80%～90%。利用地震反射技术对上海市延安东路过黄浦江隧道覆盖层进行的工程地质探测，取得了可靠的设计依据（任镇寰，1983）。

1.5   深厚覆盖层颗粒起动与管涌研究

从 17 世纪开始，国内外学者对颗粒的起动规律问题进行了研究。Shields（1936）基于大量室内试验首次提出颗粒起动的经验公式，且被广泛运用。White（1940）首次在层流状态下分析了颗粒的受力，得出颗粒的剪切应力仅由水流拖曳作用产生。Einstein等（1949）通过实验测量确定了作用于颗粒上的水流作用力包含水流上举力和拖曳力。Simons 等（1977）提出了一个研究颗粒起动问题的新思路，并利用安全系数重新定义了颗粒运动的起动条件。Chiew 等（1994）认为颗粒起动时所受切向力和法向力的比值等于对应坡度的正切值，因而将其作为颗粒起动的临界条件。窦国仁（1999）对泥沙起动公式进行了总结，并对泥沙颗粒的受力进行了整理修正，建立了适用于粗颗粒、细颗粒泥沙及轻质沙的起动分析公式。

钱宁等（1983）从泥沙颗粒滑动起动破坏方式出发，推导出了坡面上泥沙的起动条件。何文社等（2002，2003，2004）引入暴露度与等效粒径概念，针对非均匀砂提出临界公式，并在颗粒平衡中加入由于非均匀砂引起的附加质量力。拾兵等（2003）采用矢量力学的分析方法，推导了任意面上处于暴露或隐蔽状态的泥沙颗粒起动公式。汤立群（1996）考虑泥沙的黏性作用，基于滚动模式建立了坡面泥沙起动的切应力公式，并应用于流域产沙的计算中，但仅限于黏性均匀沙。杨具瑞等（2004）基于泥沙的滚动起动模式，综合考虑非均匀沙的起动特点及受力特性，将统计方法计算得到的暴露度运用到泥沙起动公式的推导中，建立了坡面黏性非均匀泥沙的起动公式。对于散粒体斜坡的稳定性问题，目前学术界大多数学者认为降雨是导致散粒体边坡失稳滑动的主控因素。叶唐进等（2016）通过对玉普—然乌段溜砂坡的现场勘察、研究及治理中发现，地表水在溜砂坡搬运中具有不能忽略的作用，并给出产生水砂流的降雨阈值。樊立敏等（2017）用 Navier - Stokes 方程和 Brinkman - extended Darcy 方程联立连续性方程，推求出渗径流流速分布，并引入 Newton 内摩擦定律分析了颗粒滑动和滚动的失稳条件。

管涌是一种渗流破坏现象。在渗流力作用下，细颗粒随粗颗粒孔隙框架而消失，是堤防、闸基等工程破坏的主要原因（Foster et al.，2000；Richards et al.，2007）。管涌侵蚀主要受土壤内部几何条件和外部水力条件的影响。几何条件包括孔隙度、颗粒级配、颗粒形状等因素（Fujisawa et al.，2010），水力条件是水力梯度的大小和方向（Liang et al.，2017）。通常采用临界水力梯度来描述管涌冲刷的临界条件（Hoffmans et al.，2018；Ahlinhan et al.，2018；Fleshman et al.，2013）。早期的管道临界水力梯度是基于大量管道失效案例的经验公式。Tammy（2013）通过室内试验得到了不同土壤参数下管道的临界水力梯度，并基于多变量回归分析形成了临界水力梯度的经验公式。一些研究者（刘杰，2006；Indraratna et al.，2002；Zhou et al.，2010；沙金煊，1981）推导了在 Kovacs（1981）自由流动孔隙通道模型下，基于单个土颗粒力平衡的临界水力梯度解析解。Zhou 等（2010）采用 Darcy 定律和 Stokes 定律推导了临界水力梯度的表达式，并通过室内试验验证了该表达式的有效性。Ming 等（2020）提出了一个多颗粒管涌模型，并基于 Terzaghi（1965）推导了临界水力梯度的解析解，通过室内试验发现所推导的模型比 Terzaghi 模型更为准确。王霜等（2008）通过分析自由流动孔隙通道中颗粒间的相互作用力，推导出管涌临界水力梯度的表达式，计算结果与 Skempton 等（1994）开展的管涌试验结果吻合较好。许波琴等（2012）分别分析了自由流动孔隙通道中颗粒的力和力矩平衡，得到了管涌临界状态下水力梯度的解析解。

由此可知，以往的研究大多只分析了自由流孔隙通道下管涌的临界水力梯度，忽略了通道周围渗流对颗粒的影响。值得注意的是，通过建立自由渗流耦合的孔隙通道管涌模型，可推导管涌的临界水力梯度。

1.6 依托工程概况

本书依托的西部某水电工程的主要任务为发电，兼顾灌溉。水电站运行阶段现场照片如图 1.1 所示。枢纽主要由河床砂砾石复合坝、左岸泄洪闸、生态放水孔、引水发电系统、左副坝及鱼道等建筑物组成。各建筑物均位于河床覆盖层上，最大坝高 54.3m。水电站大坝纵剖面见图 1.2，上坝轴线典型地质剖面见图 1.3。

该工程挡水坝段的最大坝高 54.3m、高差 26.6m，其特点可概括为复杂超深覆盖层、高闸坝，由此带来地基处理措施要求高、变形稳定控制和防渗难度大等工程难题。

对该工程的主要特点和难点如下：

（1）复杂巨厚覆盖层。电站水工建筑物

图 1.1　水电站运行阶段现场照片

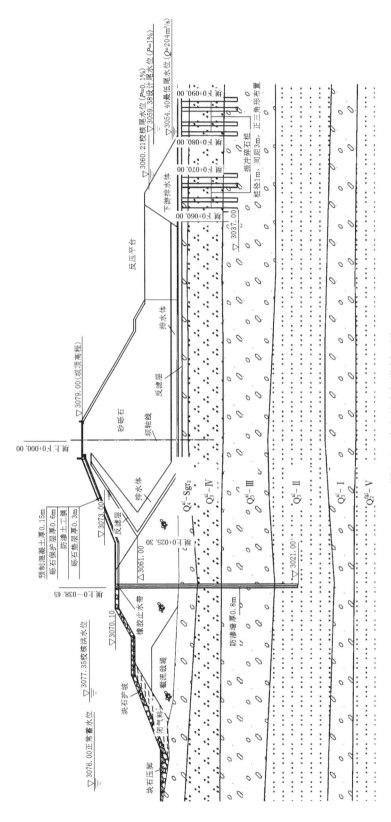

图1.2 水电站大坝纵剖面图

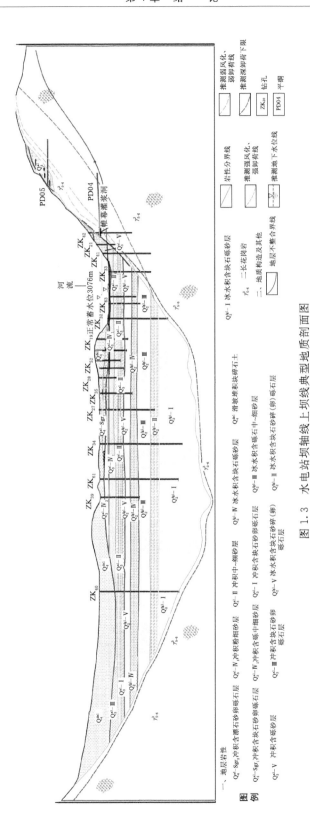

图 1.3 水电站坝轴线上坝线典型地质剖面图

地基覆盖层厚度达到 365m，根据地层成因及物质组成划分为 14 层。该工程具有砂卵石、砂层水平均匀交互分层的特点，以及防渗性能及地基承载力、变形特性相应出现、强弱交替、软硬相间的特点，导致建筑物地基承载力不足。因此，如何针对该地层条件，合理选择建基面，选用成熟可靠、经济适用的变形控制和防渗方案是研究的关键问题之一。

（2）厂房挡水坝段高达 54.3m，与相邻泄洪闸坝段、安装间坝段基础面的高差将近 30m，厂房基底最大压应力达 0.57MPa，超出地基覆盖层允许承载力范围，且地基不均匀变形问题突出。另外，工程位于高海拔地区，如何进行变形控制、采用何种止水材料、如何与防渗墙及土工膜之间合理可靠连接，从而确保防渗体系具备良好的适应性等一系列问题，在国内外均属前沿课题。

第2章 超深覆盖层联合勘察方法

2.1 地 质 调 查

水电站坝址所在地段河谷宽阔、河床宽度变化大，最窄的坝轴线部位河床宽度不到200m、最宽处超过1300m。河谷两岸山高坡陡，平均坡高超过300m，平均坡度大于40°。河谷两侧第四纪松散堆积物厚度大、分布范围广，河谷中分布大量的滑坡、崩塌、泥石流堆积物。宽阔的河谷以及大量河道堆积物使河流呈现类似平原地区的曲流状，河道的孤岛、绿洲、漫滩、高漫滩发育（图2.1）。河道两侧居住大量居民，国道从坝址区河流左岸通过。

受滑坡和崩塌影响，河道宽度在坝址区呈现巨幅的宽-窄-宽的变化，坝址上游河床宽度为800～900m，坝址部位为160～180m，坝址下游为800～900m。坝址左岸为高出河面约30m、宽1000m的平台，右岸为坡度大于45°、高度约为280m的陡倾斜坡。左岸平台上游高、下游低，平台向下游方向高程逐渐与河床一致，为典型的堵江溃坝残留体。受大型滑坡和崩塌影响，坝址区河流主河道向右岸偏移，使得电站坝轴线部位的现代河床明显变窄（图2.2）。由于大型滑坡影响，坝址左岸台地为古河主道，右侧为现代主河道。根据勘探揭露，左岸台地覆盖层最厚，沿坝轴线呈现出两端高、中部低的"凹"形古河床。

图2.1 坝址区河谷地貌特征　　　图2.2 坝址河谷特征（拍摄方向自上游向下游）

2.2 物 探 测 试

2.2.1 工作方法与技术标准

2.2.1.1 执行技术标准

（1）《水电水利工程物探规程》（DL/T 5010—2005）。

(2)《水电工程物探规范》(NB/T 10227—2019)。

(3)中国电建集团西北勘测设计研究院有限公司的《工程物探作业规定》。

2.2.1.2 工作方法与工作布置

覆盖层物探采用地震折射波法,仪器为国产 SWS 型地震仪。工作前后分别对仪器的工作性能进行了检查,结果符合《水电水利工程物探规程》(DL/T 5010—2005)和中国电建集团西北勘测设计研究院有限公司的《工程物探作业规定》。

为查明覆盖层厚度及埋深,在河床、左岸台地共布置 1 条顺河测线和 6 条横河测线,包括预可研阶段 DB_{02} 和 DB_{03} 两条测线。DZ_1 测线为相遇观测系统,点距为 7m。横河测线为互换法非纵观测系统,测点间距为 5m。

2.2.1.3 解译方法

对野外采集的原始记录进行整理,经审查确认:野外采集的原始记录有效波清晰可辨,整体质量评价为优良,因此物探测试成果原始记录全部合格。

地震勘探成果的解译,DZ_1 和 DZ_5 测线采用 t_0 法解译,DH_1、DH_3、DH_4、DB_{02}、DB_{03}、DZ_2、$DZ3$ 和 DZ_4 测线采用相对时差法解译。

2.2.2 勘探成果与分层特性

通过物探测试成果可知,覆盖层内波速层主要表现为两层或三层,层间纵波波速差异较明显。地层具有一定厚度,满足地震折射波法勘探的必要条件。地震折射波法勘探的各层纵波波速 V_p 及介质成分见表 2.1。

表 2.1   地震折射波法勘探的各层纵波波速 V_p 及介质成分表

位 置	波速层	成分	波速 V_p/(m/s)	覆盖层厚度 d/m
坝址区河床及左岸台地	第①层	水	1500	0~3.5
		堆积碎石土	560	0~43.0
	第②层	饱水砂卵砾石	2150~2160	52.6~322.9
	第③层	花岗岩	3800	

坝址区河床和左岸台地覆盖层深度和埋深勘探成果分析如下:

(1)河床位置主要布置了顺河向 DZ_1 测线、横河向 DH_0、DH_1、DH_3、DH_4 及 DB_{02}、DB_{03} 等 6 条测线。解译成果表明:DZ_1 测线覆盖层厚度变化范围为 146.3~202.2m,整体表现为上游浅、下游深;DH_0 测线覆盖层厚度变化范围为 52.6~197.1m,DH_1 测线覆盖层厚度变化范围为 75.0~269.1m,DH_3 测线覆盖层厚度变化范围为 62.8~119.5m,DH_4 测线覆盖层厚度变化范围为 137.6~270.9m,DB_{02} 测线覆盖层厚度变化范围为 75.4~171.6m,DB_{03} 测线覆盖层厚度变化范围为 73.3~188.8m。整体而言,坝址区覆盖层厚度具左厚右薄的特征,基岩顶板整体以 40°左右的坡度由右岸向左岸倾斜。DH_1、DB_{02} 和 DB_{03} 测线解译成果见图 2.3。

(2)在台地上顺坝轴线布置一条 DH_5 测线。表层碎石土厚度变化范围为 4.0~38.3m,平均厚度为 23.1m。饱水砂卵砾石层厚度变化范围为 225.4~351.9m,平均厚度为 277.4m。左岸台地覆盖层厚度变化范围为 251.2~359.3m,平均厚度为 300.5m。基岩顶板高程变化范围为 2730.90～2830.20m，基岩面凸凹不平，呈现出由左向右略有抬高的趋势。基岩面在 288m 附近出现凹沟，宽度约 75m，深度约 60m，沟底基岩顶板高程为 2730.90m。此外，基岩面在 365m 附近出现凹沟，宽度约 70m，深度约 40m，沟底基岩顶板高程为 2757.70m。上述 288m 和 365m 附近出现的凹沟，推测为古河道。左岸台地 DH_{05} 测线地震折射波法解译成果见图 2.4。

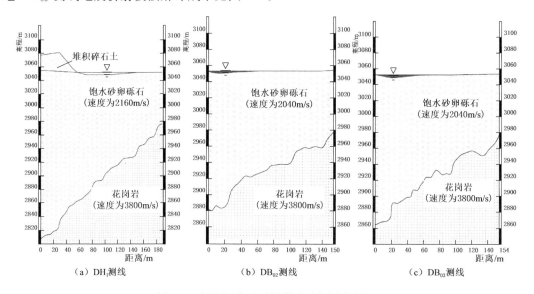

图 2.3　坝址河床地震折射波法解译成果图

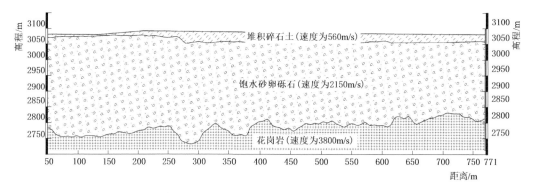

图 2.4　左岸台地 DH_{05} 测线地震折射波法解译成果图

2.3　地　质　钻　探

尽管复杂覆盖层的钻探技术已日趋成熟和完善，但目前仍存在钻深成孔工艺技术复杂、施工劳动强度大、钻头管材消耗大和生产成本高等难题。为查明坝址区覆盖层分布与厚度特征，该工程完成了大量的钻孔勘探，特别是在砂砾石复合坝坝轴线、厂房位置和上下游围堰附近布置了大量的河床钻孔。结合水电站深厚覆盖层的特点，主要采用合金、金刚石钻具循环交替使用，由地表向下尽量采用不小于 $\phi110mm$ 的大孔径，当孔深超过

80m 时逐渐减小孔径。开孔口径最大 ϕ250mm、最小 ϕ75mm，分级跟管钻进，相应配套管护孔。钻探中遇到砂层采取绳索取芯技术，遇到塌孔时采用 SM 植物胶工艺护壁。

通过实施上述工艺与工法，有效解决了深厚覆盖层钻孔深、成孔难、取芯率低等难题。该项目勘察过程中，覆盖层岩芯采取率平均达到 95% 以上。覆盖层典型岩芯如图 2.5所示。

（a）岩芯1 　　　　　　　　　　　　　　　　　（b）岩芯2

图 2.5　覆盖层典型岩芯

据统计，各钻孔深度及各部位覆盖层厚度见表 2.2～表 2.6。河床偏右岸有 3 个钻孔打穿覆盖层，厚度 20.55～41.80m，平均厚度 32.25m；河床河心部位有 4 个钻孔打穿覆盖层，覆盖层厚度 65.20～105.50m，平均厚度 84.38m；左岸台地仅有 ZK_{40} 钻孔揭露覆盖层厚度248.80m，该孔位于坝址左岸公路边缘，距现河床约 840m，位于古河道左岸岸边。

表 2.2　　　　　　　　　　左岸河床覆盖层厚度统计表

钻孔编号	孔口高程/m	钻孔深度/m	覆盖层厚度/m	备　　注
ZK_{02}	3060.68	85.64	85.64	未揭穿
ZK_{29}	3079.51	250.10	250.10	
ZK_{32}	3057.64	188.10	185.00	揭穿
ZK_{46}	3055.71	200.22	189.96	
ZK_{56}	3067.35	50.93	50.93	未揭穿

表 2.3　　　　　　　　　　河心孔揭示覆盖层厚度统计表

钻孔编号	孔口高程/m	钻孔深度/m	覆盖层厚度/m	备　　注
ZK_{07}	3055.10	100.38	83.32	揭穿
ZK_{14}	3056.23	100.78	100.78	未揭穿
ZK_{20}	3055.23	100.15	100.15	
ZK_{30}	3052.95	108.20	105.50	揭穿
ZK_{33}	3054.17	130.15	83.00	揭穿
ZK_{44}	3053.20	70.80	70.80	未揭穿

续表

钻孔编号	孔口高程/m	钻孔深度/m	覆盖层厚度/m	备　注
ZK_{47}	3053.50	130.50	65.20	揭穿
ZK_{58}	3054.33	50.20	50.20	未揭穿
ZK_{59}	3055.38	48.10	48.10	

表 2.4　　　　　　　　　　　左岸台地深厚覆盖层厚度统计表

钻孔编号	孔口高程/m	钻孔深度/m	覆盖层厚度/m	备　注
ZK_{03}	3079.68	150.32	150.32	
ZK_{04}	3080.31	150.63	150.63	
ZK_{08}	3085.63	100.98	100.98	
ZK_{10}	3074.60	100.17	100.17	
ZK_{11}	3060.31	60.30	60.30	
ZK_{13}	3091.00	80.60	80.60	
ZK_{16}	3097.40	100.90	100.90	
ZK_{17}	3083.69	100.25	100.25	
ZK_{18}	3082.28	100.90	100.90	
ZK_{19}	3093.86	100.66	100.66	未揭穿
ZK_{22}	3073.96	100.36	100.36	
ZK_{23}	3058.59	60.25	60.25	
ZK_{27}	3086.11	174.10	174.10	
ZK_{28}	3087.54	80.30	80.30	
ZK_{35}	3081.28	100.30	100.30	
ZK_{36}	3084.94	77.88	77.88	
ZK_{37}	3085.93	80.50	80.50	
ZK_{38}	3086.11	80.07	80.07	
ZK_{39}	3081.76	122.46	122.46	
ZK_{40}	3085.57	250.50	248.80	揭穿
ZK_{49}	3092.87	70.62	70.62	
ZK_{50}	3084.41	80.69	80.69	
ZK_{51}	3078.69	60.20	60.20	
ZK_{53}	3100.54	100.32	100.32	
ZK_{54}	3082.15	70.22	70.22	
ZK_{55}	3077.89	61.09	61.09	未揭穿
ZK_{57}	3078.46	70.26	70.26	
ZK_{60}	3080.95	70.67	70.67	
ZK_{61}	3083.39	246.70	246.70	
ZK_{64}	3098.01	100.85	100.85	

表 2.5　　　　　　　　　　右岸钻孔勘探覆盖层厚度统计表

钻孔编号	孔口高程/m	钻孔深度/m	覆盖层厚度/m	备　　注
ZK$_{24}$	3056.32	60.17	60.17	未揭穿
ZK$_{25}$	3056.15	60.50	60.50	

表 2.6　　　　　　　　　河床不同位置钻孔勘探覆盖层厚度统计表

位　　置	范围值/m	平均厚度/m	平均厚度/m
左岸台地	248.80	248.80	
左岸	185.00～189.96	187.48	173.55
河心孔	65.20～105.50	84.38	

坝址区河床覆盖层厚度采用钻探和物探相结合的方法确定。根据物探成果,河床覆盖层厚 20.55～190.00m,整体呈左岸厚、右岸薄的特征,基岩顶板以 40°左右坡度由右岸向左岸倾斜。左岸台地覆盖层厚度变化范围为 251.2～359.3m,平均厚度为 300.5m。基岩顶板高程变化范围为 2730.90～2830.20m,呈现出由左岸向右岸呈逐渐升高的趋势。基岩面凸凹不平,左岸台地中部位置出现两个较深凹沟,推测为古河道。

根据钻孔和物探地震剖面,坝址区覆盖层厚度具有以下特征:

(1) 覆盖层厚度大。钻孔最深 258.45m 未揭穿,物探测试结果最深达 359.3m,属于超深覆盖层。

(2) 坝址区不同部位覆盖层厚度差异明显。左岸台地最厚,现河床左岸滩地次之,河心部位较薄,右岸滩地最薄。

(3) 基岩顶板产状起伏。河床及右岸基岩顶板呈斜坡状展布,坡度 40°左右向左岸倾斜。左岸台地处基岩顶板逐渐变缓,但起伏差较大,呈沟壑状。现有公路附近,左岸台地下伏基岩顶板埋深约 250m 左右,向山内方向基岩顶板逐渐抬升。

(4) 根据覆层厚度变化,古河床中心位于左岸台地中部附近。

综上所述,坝址区覆盖层不仅厚度大,而且厚度变化大。钻探成果表明,覆盖层最厚处位于左岸台地部位的 ZK$_{40}$ 处 (248.80m),最薄处位于右岸附近的 ZK$_{24}$ 处 (60.17m),覆盖层厚度由左岸到右岸逐渐变薄。需要说明的是,ZK$_{40}$ 位于左岸台地公路边,属古河道左岸岸边,该孔位揭穿覆盖层。ZK$_{24}$ 位于现代河床的右岸岸边,覆盖层相对较浅,故钻孔可揭穿覆盖层。

2.4　试　验　与　测　试

针对坝址区深厚覆盖层,2009 年 12 月起开展了一系列室内试验、现场原位测试和覆盖层堆积物年代测试工作。

(1) 室内试验包括:颗粒分析、颗粒特征试验、物理力学性质试验、室内动力三轴试验等。受地域条件及试验设备限制,部分试验需在室内完成,虽然与实际有一定差异,但是并未改变试验结果的基本特征。

（2）现场原位测试主要包括：载荷试验、旁压试验、重型动力触探、标准贯入试验、孔内水文地质试验等。现场试验是获取覆盖层物理力学性质指标的重要手段，可获得多个室内试验无法取得的物理力学参数。原位测试具有许多明显的优点，如扰动性小、测试数据可靠性高、测试结果受人为影响小、可反映地质赋存环境等。

（3）主要采用电子自旋共振（ESR）对坝址区覆盖层进行了年代测定。对覆盖层堆积物进行地质测年，不仅可以确定覆盖层的形成时间，对于覆盖层分层、工程地质特性评价等方面也具有重要意义。

上述试验和测试成果在后续章节详细介绍。

2.5　小　　结

本章论述了深厚覆盖层的主要勘察方法和手段，包括区域地质分析、地形地貌测绘、地质调查分析、地表物理地质现象调查及钻探、物探、试验等。通过开展现场调查，查清了该水电站深厚覆盖层的地表地质条件。通过开展地球物理勘探测试，了解了地表以下物质结构、地下水发育情况、古河床形态等地质条件。

采取钻探等手段开展现场勘探工作，有效验证了物探测试成果的可靠性，明确了地表以下地层岩性、地质结构、风化卸荷等地质条件。结合钻孔、探坑岩芯或试样进行室内、原位试验，获得了较为准确的地质资料以及各层位的物理力学参数，为深厚覆盖层岩组划分和渗透稳定评价提供了依据。

第 3 章　超深覆盖层成因分类与岩组划分

3.1　覆　盖　层　成　因

深厚覆盖层的形成必须具备以下两个基本条件：

（1）深切河谷，为形成深厚覆盖层提供沉积空间。

（2）丰富的沉积物来源，为形成深厚覆盖层提供丰富物源。

深厚覆盖层成因复杂，目前对其成因机理研究成果较少。结合现有研究成果，深厚覆盖层成因可以概况为气候成因、构造成因和崩滑流堆积成因这三个方面。

（1）气候成因。冰川对河谷剧烈的刨蚀作用产生大量的碎屑物质，被冰水、流水或洪水搬运到河谷中堆积，会形成"气候型"加积层。这种深厚覆盖层的"气候型"加积层在我国西部高原地区，特别是青藏高原地区表现特为突出，而且对高原地区深厚覆盖层的形成具有非常重要的影响。

（2）构造成因。由于新构造运动与地质构造而影响河流侵蚀和堆积特性，从而形成"构造型"加积层。例如，金沙江虎跳峡 250m 的巨厚覆盖层主要与断陷盆地有关。

（3）崩滑流堆积成因。第四纪以来地壳快速隆升、河谷深切，在地震、暴雨等外在因素的诱发下，高山峡谷中常有大型、巨型滑坡和崩塌、泥石流事件发生，且常形成堵断江河事件，造成河床局部深厚堆积。例如，宝兴河深厚覆盖层就是由于暴雨作用下发生崩塌、滑坡、泥石流，从而产生大量碎屑物质堆积于河谷中形成深厚覆盖层。

3.2　超深覆盖层成因分类

本书依托工程位于我国西部地区，受青藏高原持续隆升、冰川活动、地质构造等影响，该地区地质条件极为复杂，为河谷深厚覆盖层堆积提供了有利的条件。特殊的地理地质环境使得该区域覆盖层表现出成因复杂、厚度大、结构多样、工程地质特性差异大的特点。

3.2.1　深切河谷成因

3.2.1.1　青藏高原地壳上升

青藏高原自形成以来，总体运动趋势表现为持续的向上隆升。第四纪以来，受青藏高原隆升的影响，研究区域地壳处于间歇性抬升或持续抬升的状态。地壳抬升导致河谷深切，这为深厚覆盖层的形成提供了物理空间。

早更新世晚期至中更新世初期（前 120 万～前 60 万年），青藏高原地区发生二次构造隆升事件，称为昆黄运动。经过此次抬升事件，青藏高原地区被抬升到了 3000～3500m 高度。前 60 万～前 50 万年，高原地貌格局出现。特别是 15 万 a BP 的共和运动，青藏高原发生了一次剧烈而不均匀的构造抬升，进而形成现在平均海拔 4000m 以上的高度。该阶段高原以强烈构造变形和周缘区地貌的剧烈切割为特征，出现 3 次加速隆升过程。即 15 万年前后高原急剧隆升，河流剧烈下切形成深切河谷。相关研究表明，雅鲁藏布江也是在这个时间段形成，本书工程涉及的流域是在这个时段形成的最深河谷。

在坝址区，对钻孔 ZK_{30}、ZK_{39}、Z_{K46}、ZK_{47}、ZK_{61} 的共取 14 组样进行了 ESR 法地质测年。例如，ZK_{30} 钻孔 52～54m 段的测年结果为 (12.4±1.2) 万 a BP，其高程约为 3000m。另外，物探测试表明，覆盖层最深部位大于 359.30m，即谷底高程为 2720.00～2730.00m，则谷底形成年代应为共和运动，即 15 万 a BP 左右。

距今 5 万年前后，高原小幅度继续隆升，河谷继续下切。距今 5.3 万～2.7 万年的大间冰段期间，气候变暖，导致山地冰川后退。该时间段为河流的主要堆积时期，Ⅲ级阶地在这个时段堆积而成，坝址两岸较高堆积物即为该时期堆积。之后距今 1 万年来为新的间冰期，估计该阶段初期气候变暖，河流水量增加冲刷河床，河谷较前一时期下切，之后河流第四系全新统堆积物不整合堆积于更新统堆积物之上。再之后某一时期，左岸山体发生滑坡，混杂堆积于前第四系全新统冲积物之上。

3.2.1.2　地质构造

据区域地质构造如图 3.1 所示。

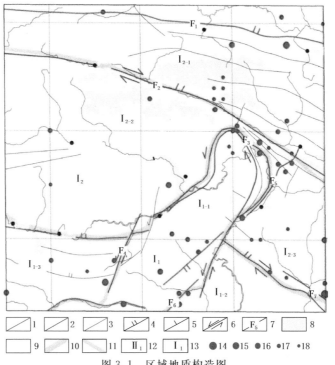

图 3.1　区域地质构造图

1—全新世活动断裂；2—晚更新世活动断裂；3—早、中更新世活动断裂；4—逆断层；5—正断层；6—走滑断层；7—主要断裂及编号；8—第四系；9—前第四系；10—二级新构造运动分区边界；11—三级新构造运动分区边界；12—新构造分区编号；13—场址；14—震中 M=8.6；15—震中 M=7.0～7.9；16—震中 M=6.0～6.9；17—震中 M=5.0～5.9；18—震中 M=4.7～4.9；I_1—喜马拉雅强烈掀斜隆起区，I_{1-1}—南迦巴瓦-高喜马拉雅断隆，I_{1-2}—低喜马拉雅断隆，I_{1-3}—北喜马拉雅断隆；I_2—冈底斯-念青唐古拉山面状隆起区，I_{2-1}—念青唐古拉山断隆，I_{2-2}—拉萨断隆，I_{2-3}—察隅断隆；F_1—班公错-怒江断裂带；F_2—嘉黎断裂带；F_3—雅鲁藏布江断裂带；F_4—里龙断裂；F_5—墨脱断裂；F_6—喜马拉雅主中央断裂带；F_7—阿帕龙断裂带该流域位于班公错-怒江断裂带 F_1、嘉黎断裂带 F_2 与雅鲁藏布江断裂带之间（图3.1），河流整体方向与断裂痕迹基本平行，但沿河流断裂构造不甚发育。不同地块与区域断裂差异活动强烈，由于断块间上升幅度不同，形成了规模不同的深切峡谷，对深厚覆盖层的形成提供空间条件。

青藏高原自形成以来，总体运动趋势表现为持续的隆升。而且该区地质构造发育，特别是区域性大断裂发育，大断裂活动往往会形成深切峡谷。目前世界上许多大峡谷都是由于区域性大断裂形成的。从区域地质条件来看，该流域断裂发育，断裂不仅为河床堆积提供了丰富的物源，而且形成了深切河谷。

3.2.1.3 冰川活动

青藏高原的冰川活动丰富。根据已有研究成果，我国冰川活动分为四个冰期和三个间冰期。冰川活动过程中不仅会堆积大量的冰碛物和冰水堆积，而且冰川活动对河谷形成产生强烈侵蚀作用，这种作用也会导致河谷进一步深切。从冰川活动的气候变化特点来看，冰期海平面大幅下降、河流比降加大、动力作用增强，河流的强烈下切形成了深切河谷。

3.2.2 覆盖层堆积成因

3.2.2.1 气候因素

第四纪更新世以来，青藏高原经历多次气候的冷暖交替，30万 a BP 以来该地区发生过四次冰期和三次间冰期。间冰期该区域气温大幅上升造成冰川大面积融化，从而在深切河谷中形成大量冰水堆积及少量冰积物，形成河谷深厚覆盖层"气候型"加积层。

从气候变化来看，间冰期温度大幅上升，大量冰川融化、海平面上升，河流纵比降减小、流速降低、能量减小。水流的携砂能力减弱，固体物质开始大量沉积。沉积物堆积使得回水作用向上游发展，可容纳空间形成，产生溯源堆积。间冰期早期，海平面的上升不仅产生了下切河谷内的海侵，还影响到河流的搬运和沉积作用，即回水作用和溯源堆积作用。

该流域及雅鲁藏布江一带河谷非常宽阔，平均宽度达到1km。该地区河谷受冰川活动及其他因素的影响，明显宽于内地其他河谷，反映出该区域的河谷受第四纪冰川活动影响显著。强烈的冰川活动不仅导致河谷宽阔，而且为深厚覆盖层提供了丰富的物源。

根据钻孔揭露，坝址下部存在超过100m厚的以冰水堆积为主的堆积物。根据覆盖层测年资料，这些冰水堆积物主要堆积于第四纪更新世中期的后期（10万～20万 a BP），该段地质时期为庐山亚冰期与大姑亚冰期之间的里斯-明德间冰期（欧洲命名）。在这段间冰期期间，区域气温大幅上升、冰川大范围消融，大量冰川携带物质随消融冰水移动至河谷地带沉积。间冰期大量的冰水沉积物是该流域深厚覆盖层的主要物源之一。

3.2.2.2 构造作用

不同构造单元上的地层岩性的不同，导致了河谷下蚀速率呈现差异，也会对河谷的堆积厚度产生影响。在构造上升区内的河段，河流急剧侵蚀形成深切峡谷，冲积层明显变薄，对深厚覆盖层的形成起弱化作用。而流经构造下降断块上的河段则发生加积，谷底急剧堆积，早期形成的冲积层被新的物质所覆盖，覆盖层厚度骤增，冲积层呈现出多层性或周期性。例如，金川河段就是构造型多层加积类型，其中马奈段覆盖层多达9层，且冲积砂砾石与粉砂多次重复出现。

根据区域地质构造资料，工程区在大地构造上隶属冈底斯-念青唐古拉面状隆起区之南念青唐古拉弧背褶皱带中部的林芝-波密褶皱带内，即雅江断裂带与阿扎-易贡断裂带所夹持的断块范围内，其南界为雅鲁藏布江缝合带，北界为班公错-怒江缝合带。

区域新构造运动强烈，各种断裂非常发育，断裂主要为近东西向和近南北向。近东西向断裂规模较大，多为逆冲、逆走滑断层，最新活动时代多在第四纪早、中期；近南北向、北北东—北东向断裂常集中分布，构成近南北向或北北东向的剪切拉张断裂构造带，形成于第四纪初期，第四纪晚期活动十分明显，且多次发生 7 级以上大地震。河床的冲积层中大部分含有块碎石，这些块碎石与工程区上游的区域断裂活动有直接关系。

强烈的断裂活动导致工程区的物理地质现象和破碎岩体较为发育。松散、丰富的破碎物质不仅为深厚覆盖层沉积提供了丰富的物源，而且在暴雨、地震条件下又会产生许多新的不良地质现象，以致覆盖层堆积加厚。根据测年结果，河流深厚覆盖层中、上部堆积物形成时间小于 20 万 a BP，大部分小于 10 万 a BP。说明河流沉积主要发生于第四纪晚期，这与第四纪晚期该区新构造活动密切相关。

3.2.2.3　地质灾害作用

受多种地质环境与气候条件影响，该区域的地质灾害非常发育，例如常见的滑坡、崩塌、泥石流等。根据地质测绘和地表调查资料分析，库坝区滑坡、崩塌和泥石流等地质灾害的存在，对深厚覆盖层具有明显的加积作用。坝址左岸的大规模滑坡形成了超过 30m 厚的溃坝残留体，此外在库区左、右岸还分布有四条典型的泥石流沟。

根据现场调查，坝址区深厚覆盖层既有堰塞沉积，也有崩滑流沉积，其中以滑坡堆积为主。这些大型不良地质体堆积于河道中，不仅造成河谷覆盖层加厚，而且形成一定厚度的堰塞湖相沉积。钻探揭示，堰塞湖相沉积厚度一般超过十米，最厚达到几十米，这也是形成坝址区深厚覆盖层的原因之一。

综上所述，该流域深厚覆盖层的形成受气候因素、地质构造、新构造运动、冰川活动、地质灾害等多种因素的影响。青藏高原特殊的地质环境和气候变化是流域深厚覆盖层形成的直接原因，也是导致该区域覆盖层厚度大、成因复杂的主要原因。

3.2.3　覆盖层成因分类

根据区域深厚覆盖层成因和坝址区钻孔资料可以看出，坝址区深厚覆盖层成因复杂，多成因的叠加作用形成了厚度超过 365m 的超深覆盖层。进一步分析研究表明，超深覆盖层成因主要分为"气候型"加积型、河流冲积层、崩滑流加积层、堰塞湖相沉积和"构造型"加积层 5 种类型，其特征如下。

（1）"气候型"加积型。由于区域气候变化导致冰川活动的冰期与间冰期交替出现，特别是间冰期气温大幅上升、冰川大面积融化，河床沉积能力增强，河床部位形成大范围冰水堆积物。根据钻孔资料，坝址下部超过 100m 厚为该类型沉积，冰水积堆积物占覆盖层厚度的 30% 左右。

（2）河流冲积层。较大的河床比降、丰富的松散物质以及充沛的水流条件，使得位于流域下游形成厚度超过 100m 的冲积层，且冲积层的粗细沉积层交替叠加。

（3）崩滑流加积层。强烈的冰川活动、区域构造运动及暴雨、地震等综合作用，使得流域内崩塌、滑坡以及泥石流等地质灾害非常发育，产生的大量松散物堆积于河道，形成了超深覆盖层的加积层。现场调查显示，坝址区覆盖层中存在崩塌和泥石流物质，左岸高约 30m、纵河向长约 1800m 的台地就是大型滑坡与崩塌堵江溃坝后的残留物质。滑坡堵江导致河流改道向右岸偏移，现代河床变窄，同时也造成坝址区右岸覆盖层厚度大于左岸。

（4）堰塞湖相沉积。该区域崩塌、滑坡以及泥石流等地质灾害发育，且形成多次"堵江"事件。"堵江"事件导致工程区河谷形成堰塞湖相沉积，左岸台地的堆积体和右岸平洞中都可见堰塞湖相的灰黑色、深灰色淤泥质黏土沉积物。

（5）"构造型"加积层。该流域位于不同构造单元，断裂发育、新构造运动强烈，使河床形成"构造型"加积层的深厚覆盖层。钻孔岩芯显示，该区域断裂发育，坝址区深厚覆盖层中普遍含有块石、碎石，这些堆积物与区域地质构造有直接的关系。

深厚覆盖层成因与物质组成类型统计见表 3.1。可以看出，根据物质组成和成因，坝址深厚覆盖层可以分为六类，即崩滑堆积类土、堰塞湖相沉积的细粒土、冲积砂卵砾石类土、冲积砂类土、冰水积砂卵砾与块碎石类土和冰水积砂类土。

表 3.1 深厚覆盖层成因与物质组成类型统计

覆盖层类型	物 质 组 成	成 因 类 型	埋 深 特 征
崩滑堆积类土	大颗粒物质为主，局部有粉土充填，较松散	滑坡堵江	古河床表层
堰塞湖相沉积的细粒土	细砂与粉粒为主	堰塞沉积	古河床上部
冲积砂卵砾石类土	卵砾石为主	水流较急环境冲积	中部多层分布
冲积砂类土	中细砂为主	水流较缓环境沉积	中部多层分布
冰水积砂卵砾与块碎石类土	卵砾石为主，含少量块碎石为主	间冰期较急冰水冲积	下部多层分布
冰水积砂类土	中细砂为主	间冰期较缓冰水冲积	河床下部

3.3 覆盖层岩组划分依据

（1）颗粒粒度特征。根据颗粒组成累计曲线，覆盖层颗粒粒径既有巨粒粒组的漂石或块石颗粒，也有细粒粒组的粉粒。通常情况下，覆盖层岩组是由大小差异很大的固体颗粒混合堆积形成。根据物质颗粒粒度特征划分覆盖层岩组，就是根据某一层位覆盖层主要含量的颗粒粒径特征对覆盖层岩组进行划分。

（2）层位特征。根据钻孔勘探资料，坝址区覆盖层具有物质成分和颗粒大小相近的岩层交替沉积的特征，即坝址深厚覆盖层出现"粗～细～粗～细～粗"交替叠置的现象。由于覆盖层各层位形成年代与埋深不同，其工程地质特性也不同，故将覆盖层划分为不同的层位。从坝址覆盖层的层位分布来看，相同颗粒特征的堆积物在垂向分布上具有重复性，且在空间范围内沿河流纵横向均具备良好的延伸规律。

（3）成因类型。地质勘探资料显示，覆盖层成因较复杂，主要成因类型包括以下五类：

1）河流冲积。该类堆积物在覆盖层上部存在较厚的沉积物质，并且空间展布规律性强、分布范围广。该类型一般为漂石、砂卵砾石堆积层以及砂层等。

2）冰水积。受特殊的气候环境与地质条件影响，坝址区存在较厚的冰水堆积物，该层位于覆盖层的下部。

3）崩滑流沉积。坝址左岸存在较大范围和较大厚度的此类堆积，例如坝址左岸超过30m 高的台地属于该类型。

4）堰塞湖相沉积。沉积物为深灰色粉砂土层、粉细砂层。该类成因的覆盖层在坝址区均有分布，但层位不稳定，多以透镜体形式出现。

5）"构造型"加积层。该流域不仅断裂发育，而且新构造发育，加之流域位于不同的构造单元，使得河床形成"构造型"加积层深厚覆盖层。根据钻孔资料，深厚覆盖层中普遍含有块石、碎石，这些物质与地质构造有直接关系。

综上所述，坝址区深厚覆盖层往往不是由某一单独成因所形成的，而是具有多种成因的综合类型。该工程的岩组划分仅考虑其主要成因，其他成因仅供参考。

（4）地质年代。覆盖层堆积物形成的地质年代对覆盖层工程地质特性具有重要影响。对覆盖层堆积物进行地质测年，不仅可以确定覆盖层的形成时间，而且对覆盖层分层、工程地质特性评价具有重要意义。该工程应用电子自旋共振法（ESR 法）对覆盖层试样进行了地质测年，结果显示：较浅部的现代河床沉积物为第四纪全新世（Q_4）形成，中部层位的河床沉积物为第四纪更新世晚期（Q_3）形成，下部的堆积物为第四纪更新世中期（Q_2）形成。

3.4　覆盖层物质组成和岩组结构

3.4.1　物质组成

坝址区覆盖层厚度达 359.3m，为超深覆盖层，覆盖层为多种成因形成，沉积时间超过 15 万 a BP。

（1）进一步研究表明，不同成因类型的覆盖层，其堆积物主要有以下 5 种：

1）冲积成因，含漂石、砂卵砾石、中粗砂层等。该类物质多位于覆盖层中部、河床表部和中上部。

2）冰川活动与崩滑堵江的堰塞湖相的细砂、粉砂土层覆盖层。该类型物质位于覆盖层中上部，以及不连续地分布在崩滑堆积表部与内部。

3）冰水沉积加积层。该层为块碎石土混杂堆积，分布于覆盖层底部的块碎石土层。

4）崩滑流加积层。该层位于坝址左岸台地，为崩滑堵江残留坝形成的深厚覆盖层。

5）"构造型"加积层。区域断裂发育，覆盖层中普遍含有块石、碎石，与地质构造直接相关。

（2）根据覆盖层物质组成、物理力学特征以及工程地质特性等，坝址区覆盖层又可分为以下 6 类土层：

1）块石土层：坝址左岸崩滑堵江残留体。

2）含漂石砂卵砾石层：现代河床上部，冲积层。

3）中粗砂层：少量含砾，多层冲积层。

4）粉细砂层：少量含砾，湖相沉积。

5）砂卵砾石层：多层冲积层。

6）碎石土层：局部含块石，河床底部冰水加积层。

3.4.2 岩组结构

根据覆盖层分层结果，深厚覆盖层具有以下特征：

（1）不同岩组形成时代不同。第1～3层为 Q_4 时期形成，第4～9层 Q_3 时期形成，第10～14层为 Q_2 时期形成。Q_4 时期形成的覆盖层平均厚度为34m，Q_3 时期平均厚度为104m，Q_2 时期平均厚度为173m。在其他条件类似的情况下，形成时代越早的深厚覆盖层岩组的工程地质特性越好。反之，形成时代较新的现代河床覆盖层岩组的工程特性较差。

（2）不同岩组的物质组成（颗粒粒度）差异较大。覆盖层各岩组的物质组成包括了从漂石、巨砾或块石颗粒到黏粒的大跨度反差。

（3）从层位分布来看，覆盖层岩组具有"粗～细～粗～细～粗"交替叠置的分布特征，形成这种现象的主要原因是由于古河床覆盖层沉积过程环境交替变化所致。

（4）不同岩组的覆盖层厚度差异大。其中第2层（冲积含漂石砂卵砾石层）厚度最小，平均厚度仅为6.93m；第14层（冰水积含块石砾砂层）厚度最大，平均厚度65m。

（5）根据岩组的土体类型，第1层滑坡堆积块碎石土（Q_4^{del}）为巨粒土，第5层堰塞湖相粉细砂层（Q_3^{al}-$Ⅳ_2$）为细粒土，其余为粗粒土。由于覆盖层各岩组的物质组成特征、成因类型、地质年代和工程地质特性等差异明显，相似条件下，覆盖层的物质粒度特征是影响其物理力学性质的主要因素。

根据覆盖层分层情况，按照土的通用分类标准、物质组成、颗粒粒度、可塑性、层位等，坝址区深厚覆盖层土体类型划分结果见表3.2。

表 3.2　　　　　　　　　深厚覆盖层土体类型划分结果表

颗粒粒度	可塑性	层位	包括的岩组	土 的 名 称
巨粒土岩组		浅表部	第1层（Q_4^{del}）	滑坡堆积块碎石土
粗粒土岩组	无黏性土	全段均有分布	第2、3～14层	含漂（石）砂卵砾石层、含块石砾砂层、含砾石中细砂层、含砾石中粗砂层
细粒土岩组	黏性土	浅部	第5层（Q_3^{al}-$Ⅳ_2$）	堰塞湖相粉细砂层

由表3.2可以看出，覆盖层岩组土类划分依据清楚、结果可靠、便于工程应用，符合通用的划分标准。综上所述，深厚覆盖层土体类型具有以下特征：

（1）根据覆盖层岩组的物质颗粒粒度特征，可以划分为巨粒土、粗粒土和细粒土三类。第1层（滑坡堆积块碎石土）为崩滑堆积体和堰塞湖相充填，以大的崩滑块体为主，块石径一般为20～50cm，最大超过5m，属于巨粒土。第5层（堰塞湖相粉细砂层）以粉细砂为主，粉质黏土含量10%～15%，属于细粒土。其余各层为砂卵（碎）砾石层、中粗砂层、中细砂层，属于粗粒土。

（2）根据覆盖层土体的物理性状，划分为无黏性土和黏性土两类。巨粒土和粗粒土岩组为无黏性土，细粒土岩组为黏性土。无黏性土与黏性土的物理力学性质差异很大，无黏性土不具可塑性，其物理状态主要取决于土的密实程度。而黏性土具有可塑性，其物理状态与黏性土状态相关。

（3）属同一类型土的深厚覆盖层岩组层位埋深不同。坝址区深厚覆盖层的粗粒土根据层位埋深不同可以分为深部和浅部，不同深度的同类型土体物理力学性状差异较大。

3.5　超深覆盖层岩组划分

通过进一步分析研究，不考虑分布在两岸的阶地，坝址区覆盖层可以分为 14 层，各层厚度统计结果见表 3.3。

表 3.3　　　　　　　　坝址区覆盖层各层组厚度统计（据钻孔资料）

覆　盖　层	厚度范围值/m	厚度平均值/m
第 1 层（滑坡堆积块碎石土层 Q_4^{del}）	6.00～48.80	18.29
第 2 层（含漂石砂卵砾石层 $Q_4^{al}-Sgr_2$）	6.32～7.88	6.93
第 3 层（含块石砂卵砾石层 $Q_4^{al}-Sgr_1$）	4.47～11.39	8.91
第 4 层（冲积含砾砂层 $Q_3^{al}-V$）	35.00～50.00	45.00
第 5 层（堰塞湖相粉细砂层 $Q_3^{al}-IV_2$）	1.14～13.90	7.57
第 6 层（冲积中细～中粗砂层 $Q_3^{al}-IV_1$）	5.40～24.11	19.03
第 7 层（冲积含块石砂卵砾石层 $Q_3^{al}-III$）	6.35～16.13	11.06
第 8 层（冲积中细砂层 $Q_3^{al}-II$）	9.25～16.92	13.63
第 9 层（冲积含块石砂卵砾石层 $Q_3^{al}-I$）	6.23～9.63	8.04
第 10 层（冰水积含块石砂卵砾石层 $Q_2^{fgl}-V$）	15.47～26.11	21.10
第 11 层（冰水积含块石砾砂层 $Q_2^{fgl}-IV$）	23.00～25.50	24.79
第 12 层（冰水积含砾石中细砂层 $Q_2^{fgl}-III$）	32.39～38.93	35.80
第 13 层（冰水积含块石砂卵砾石层 $Q_2^{fgl}-II$）	24.88～27.76	26.38
第 14 层（冰水积含块石砾砂层 $Q_2^{fgl}-I$）	64.98	64.98

根据钻孔资料与地表调查分析，坝址深厚覆盖层各岩组基本特征如下：

第 1 层（Q_4^{del}）：滑坡堆积块碎石土层，主要分布于左岸台地。该层为崩滑堆积层，堆积物特征与崩滑堆积特征类似。后期由于堰塞堵江，堰塞湖相的细粒物质沉积充填于块碎石骨架中。该层主要为大块石、碎石，局部充填粉细砂层。块石成分主要为花岗岩和砂岩，块石直径一般为 20～50cm，最大超过 5m。该层结构较为松散，多以大的块石为骨架，细粒粉土和砂充填其中，偶见架空现象。厚度变化较大，厚度范围为 6.00～48.80m，平均厚度 18.29m。

第 2 层（$Q_4^{al}-Sgr_2$）：含漂石砂卵砾石层，为全新世现代河床沉积，分布于现代河床表部。粒径大于 20cm 的漂石约占 10%、6～20cm 的卵石约占 35%、0.2～6cm 的砾石约占 30%，其余为中粗砂。卵砾石磨圆中等、少数棱角状，级配差，分选性较差，卵砾石成分主要为花岗岩和砂岩。厚度范围为 6.32～7.88m，平均厚度 6.93m。

第 3 层（Q_4^{al}-Sgr_1）：含块石砂卵砾石层，分布于左岸台地部位，为混合沉积层，属左岸崩滑前河床表部的冲积层与崩滑物混合沉积形成。该层为块碎石与卵砾石混合的砂卵砾石层，粒径大于 20cm 的块石含量约占 5%，碎石含量约占 5%，块碎石成分主要为砂岩。粒径 6～10cm 的卵石含量约占 10%，粒径 0.5～6cm 的砾石含量约占 30%，卵砾石磨圆较差，以次棱角状为主。中砂含量约占 15%，细砂含量约占 20%，其余为粉土，局部有砂层透镜体（Q_4^{al}-Ss），局部夹有透镜状粉细砂。厚度范围 4.47～11.39m，平均厚度 8.91m。

第 4 层（Q_3^{al}-V）：冲积含砾砂层，仅分布于右岸 3110m 以下，为Ⅲ级残留阶地堆积，浅表部主要为山体崩积块碎石土与砂砾石混杂堆积，厚度一般为 0.5～3m。下覆主要为冲积含砾中细砂层，局部夹大块石粒径一般为 1.5～5m，可能在沉积过程中包裹了上部山体崩塌物，泥质含量 10%～15%。该层厚度 35.00～50.00m，平均厚度 45.00m。

第 5 层（Q_3^{al}-IV_2）：堰塞湖相粉细砂层，由于下游堵江形成，分布于台地部位。以粉细砂为主，粉质黏土含量 10%～15%。厚度范围 1.14～13.90m，平均厚度 7.57m。

第 6 层（Q_3^{al}-IV_1）：冲积中细～中粗砂层，在整个河床连续分布，为古河床稳定期河水相对静止条件下形成的冲积层。粗砂含量约占 10%，中砂含量约占 45%，细砂含量约占 40%，其余为粉砂，偶含 6～8cm 碎石和砾石。厚度范围为 5.40～24.11m，平均厚度 19.03m。

第 7 层（Q_3^{al}-III）：冲积含块石砂卵砾石层，以河流冲积为主，在坝址河床连续稳定分布。粒径大于 20cm 的块石含量约占 10%，6～20cm 的卵石含量 20%，0.2～6cm 的砾石含量约占 20%，砂含量约占 50%。级配差，分选性差，卵砾石成分主要为花岗岩和砂岩。厚度范围为 6.35～16.13m，平均厚度 11.06m。

第 8 层（Q_3^{al}-II）：冲积中细砂层，为河床稳定期相对静止环境下形成的冲积层，在河床连续稳定分布。砂含量约占 85%，粉土约占 10%，偶含少量砾石和碎石。厚度范围为 9.25～16.92m，平均厚度 13.63m。

第 9 层（Q_3^{al}-I）：冲积含块石砂卵砾石层。以河流冲积为主，在河床分布稳定。粒径 6～20cm 卵石约占 10%，粒径 0.2～6cm 砾石约占 55%，砂含量约占 30%，粉粒类土约占 5%。卵砾石磨圆度较差，呈次棱角～次圆状，分选性一般。卵砾石成分主要为花岗岩和砂岩等。厚度范围为 6.23～9.63m，平均厚度 8.04m。

第 10 层（Q_2^{fgl}-V）：冰水积含块石砂卵砾石层。为间冰期的冰水积成因类型，在河床连续稳定分布。粒径 6～10cm 碎石约占 40%，6～10cm 的卵石约占 55%，其余为中～细砂。级配较差，分选性差。厚度范围为 15.47～26.11m，平均厚度为 21.10m。

第 11 层（Q_2^{fgl}-IV）：冰水积含块石砂砾层。在坝址连续稳定分布，为间冰期的冰水积沉积堆积。粒径大于 20cm 的块石约 5%，粒径 0.5～6cm 的砾石约占 55%，中～细砂约占 25%，粉粒含量约为 15%。卵砾石以次棱角状为主，分选性差，砾石成分主要为花岗岩和砂岩。河床为砂卵砾石层，该层泥质物含量较高。厚度范围为 23.00～25.50m，平均厚度为 24.79m。

第 12 层（Q_2^{fgl}-III）：冰水积含砾石中细砂层。在坝址河床连续稳定分布，为间冰期的冰水积成因类型。卵石粒径 6～10cm 含量约为 5%，砾石粒径 4～6cm 含量小于 5%，卵石呈棱角～次棱角状，中细砂含量 85% 左右，粉粒含量约为 5%。厚度范围为 32.29～38.93m，平均厚度为 35.80m。

第 13 层（Q_2^{fgl}-Ⅱ）：冰水积含块石砂卵砾石层。该层在河床连续分布，为典型的冰水积成因类型。大于 20cm 的块石含量约为 5%，粒径 6～8cm 的碎石含量约为 15%，粒径 1～5cm 的砾石约占 40%，泥质含量约为 5% 左右，其余为中～细砂。卵砾石磨圆度一般，次棱角～次圆状为主。级配较差，分选性差。该层物质具有一定排序性，排序性差于冲积层，块石、卵石、碎石岩性主要为花岗石和砂岩。厚度范围为 24.88～27.76m，平均厚度为 26.38m。

第 14 层（Q_2^{fgl}-Ⅰ）：冰水积含块石砾砂层。在河床连续分布，为典型冰水积成因类型。大于 20cm 的块石含量为 5%，粒径 6～8cm 的碎石约占 10%，粒径 0.5～3cm 的砾石约占 20%，中细砂含量 55%，粉土含量 10%。砾石以次圆状为主，少量呈次棱角状。该层厚度 64.98m，物质具有一定排序性，排序性差于冲积层，块石、卵石、碎石岩性主要为花岗石和砂岩。

3.6　超深覆盖层空间展布

坝址区深厚覆盖层的形成是一个漫长的地质历史过程，经历了复杂的地质历史变迁和多个重大地质历史事件，经历了沉积环境的巨变与重复。因此，覆盖层不仅岩（土）层变化复杂多样，而且各层厚度、埋深、顶底板高程、延伸范围等各异。这些复杂的变化反映出覆盖层具有复杂的空间展布特征。

各岩层（组）的划分和延伸范围根据工程区钻孔资料确定。受取芯质量、钻探工艺等因素影响，虽然各岩层（组）界线无法精确揭示其起伏、不连续延伸状态，以及其空间变化的特征，但仍可反映出覆盖层各岩层（组）的基本展布特征。

3.6.1　覆盖层埋深与顶底板高程变化特征

主要通过钻孔、物探资料分析覆盖层的空间展布特征。各层埋深、顶板和底板高程的统计结果见表 3.4～表 3.6。

表 3.4　　　　　坝址台地部位覆盖层各层埋深统计表

层　位　编　号	顶面埋深/m	顶面埋深平均值/m
第 1 层（滑坡堆积块碎石土 Q_4^{del}）	0.00	0.00
第 3 层（含块石砂卵砾石层 Q_4^{al}-Sgr_1）	6.00～30.31	17.14
第 5 层（堰塞湖相粉细砂层 Q_3^{al}-Ⅳ$_2$）	13.05～26.95	16.30
第 6 层（冲积中细～中粗砂层 Q_3^{al}-Ⅳ$_1$）	17.85～39.66	27.10
第 7 层（冲积含块石砂卵砾石层 Q_3^{al}-Ⅲ）	41.85～60.71	49.47
第 8 层（冲积中细砂层 Q_3^{al}-Ⅱ）	54.99～73.38	60.25
第 9 层（冲积含块石砂卵砾石层 Q_3^{al}-Ⅰ）	66.82～87.17	73.85
第 10 层（冰水积含块石砂卵砾石层 Q_2^{fgl}-Ⅴ）	74.41～95.48	81.90

层 位 编 号	顶面埋深/m	顶面埋深平均值/m
第11层（冰水积含块石砾砂层 $Q_2^{fgl}-IV$）	95.59～101.05	97.49
第12层（冰水积含砾石中细砂层 $Q_2^{fgl}-III$）	118.69～125.68	122.32
第13层（冰水积含块石砂卵砾石层 $Q_2^{fgl}-II$）	157.62～160.50	159.29

表 3.5　　　　　　　　　　　河床部位覆盖层各层埋深统计表

层 位 编 号	顶面埋深/m	顶面埋深平均值/m
第2层（含漂石砂卵砾石层 $Q_4^{al}-Sgr_2$）	0.00	0.00
第6层（冲积中细～中粗砂层 $Q_3^{al}-IV_1$）	6.32～7.88	6.93
第7层（冲积含块石砂卵砾石层 $Q_3^{al}-III$）	13.28～17.77	15.72
第8层（冲积中细砂层 $Q_3^{al}-II$）	25.93～29.41	27.68
第9层（冲积含块石砂卵砾石层 $Q_3^{al}-I$）	38.66～43.18	41.41
第10层（冰水积含块石砂卵砾石层 $Q_2^{fgl}-V$）	47.47～51.64	49.73
第11层（冰水积含块石砂砾石层 $Q_2^{fgl}-IV$）	73.58～76.27	74.60
第12层（冰水积含砾石中细砂层 $Q_2^{fgl}-III$）	99.27～101.24	100.26
第13层（冰水积含块石砂卵砾石层 $Q_2^{fgl}-II$）	133.63	133.63
第14层（冰水积含块石砾砂层 $Q_2^{fgl}-I$）	158.51	158.51

表 3.6　　　　　　　　　　　深厚覆盖层各层顶板高程统计表

层 位 编 号	高程范围/m	高程平均值/m
第1层（滑坡堆积块碎石土 Q_4^{del}）	3081.28～3098.01	3086.52
第2层（含漂石砂卵砾石层 $Q_4^{al}-Sgr_2$）	3054.17～3057.67	3055.68
第3层（含块石砂卵砾石层 $Q_4^{al}-Sgr_1$）	3064.59～3076.78	3071.08
第4层（冲积含砾砂层 $Q_3^{al}-V$）	3067.23～3116.09	3091.66
第5层（堰塞湖相粉细砂层 $Q_3^{al}-IV_2$）	3064.37～3070.34	3066.76
第6层（冲积中细～中粗砂层 $Q_3^{al}-IV_1$）	3055.11～3063.43	3059.53
第7层（冲积含块石砂卵砾石层 $Q_3^{al}-III$）	3032.01～3040.50	3037.06
第8层（冲积中细砂层 $Q_3^{al}-II$）	3024.45～3030.42	3026.27
第9层（冲积含块石砂卵砾石层 $Q_3^{al}-I$）	3009.27～3016.60	3012.68
第10层（冰水积含块石砂卵砾石层 $Q_2^{fgl}-V$）	3001.59～3007.89	3004.69
第11层（冰水积含块石砂砾石层 $Q_2^{fgl}-IV$）	2984.69～2987.09	2985.99
第12层（冰水积含砾石中细砂层 $Q_2^{fgl}-III$）	2960.43～2964.09	2961.60
第13层（冰水积含块石砂卵砾石层 $Q_2^{fgl}-II$）	2925.16～2925.61	2925.18
第14层（冰水积含块石砾砂层 $Q_2^{fgl}-I$）	2896.82～2899.92	2898.12

　　由表3.4可知，由于覆盖层表面起伏较大，虽然各层（岩组）埋深范围变化较大，但其顶、底界线高程相差不大。说明各岩层（组）的界线虽有起伏，但堆积物层厚、界面等具有一定的规律性。

由表 3.4～表 3.6 可以看出，各层埋深变化较大，特别是受崩滑加积层影响和现代河流冲刷改道等作用，覆盖层在表部和河床部位出露位置及厚度、连续性、埋深等方面变化较大。主要具有以下特征：

1) 除仅在左岸台地部位分布的第 1 层、第 3 层和第 5 层，以及仅在现代河床表部分布的第 2 层外，其余各层埋深均有 30～35m 的差异，其原因主要是受崩滑堆积层的影响。

2) 台地以及现代河床部位各层埋深变化较大。例如，台地部位分布的第 3 层（Q_4^{al}－Sgr_1），其顶板埋深范围为 6.00～30.31m，台地部位第 6 层（Q_3^{al}－$Ⅳ_1$）中细砂层顶板埋深范围为 17.85～39.66m。

根据表 3.6，覆盖层各层顶板高程变化较大，一般相差 5～10m，差异最大约 20m，反映出同一层物质沉积时河床存在凹凸不平的现象。

3.6.2　横向展布特征

根据坝轴线工程地质横剖面图（图 3.2）可以看出，坝址覆盖层岩层（组）横向展布延伸主要具有以下特征：

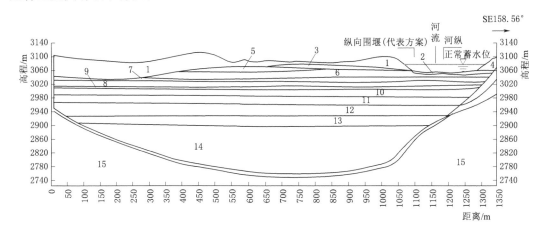

图 3.2　坝轴线工程地质剖面图

1—滑坡堆积块碎石土；2—含漂石砂卵砾石层；3—含块石砂卵砾石层；4—冲积含砾砂层；5—堰塞湖相粉细砂层；
6—冲积中细～中粗砂层；7—冲积含块石砂卵砾石层；8—冲积中细砂层；9—冲积含块石砂卵砾石层；
10—冰水积含块石砂卵砾石层；11—冰水积含块石砾砂层；12—冰水积含砾石中细砂层；
13—冰水积含块石砂卵砾石层；14—冰水积含块石砾砂层；15—喜马拉雅期花岗岩

(1) 受左岸大型崩滑堵江溃坝残留体影响，覆盖层横向厚度变化大。左岸台地部位覆盖层厚度远大于现代河床中心的覆盖层厚度，左岸台地覆盖层厚度最大超过 359.3m，现代河床中心覆盖层厚度为 100m 左右。

(2) 大型崩滑堵江不仅对覆盖层的形成具有明显的加积作用，而且导致覆盖层分层的横向展布延伸变化大。其中第 1 层、第 3 层和第 5 层仅在台地部位分布，因此横向不延续，其余各层位横向延伸的连续性较好。

(3) 古河床中心位于左岸台地中部附近，大型崩滑导致古河床早期浅部的覆盖层沉积被严重破坏，其延续性变差。崩滑的巨大作用还导致第 1 层（Q_4^{del}）滑坡堆积块碎石土层、第3层（Q_4^{al}-Sgr_1）含块石砂卵砾石层和第5层（Q_3^{al}-Ⅳ$_2$）堰塞湖相粉细砂层延伸厚度不稳定。例如，第1层厚度范围6.00～48.80m，第3层厚度范围4.47～11.39m，第5层厚度范围1.14～13.9.0m。

（4）受河床形态影响，深厚覆盖层最底部的第14层（Q_2^{fgl}-Ⅰ）冰水积含块石砾砂层延伸厚度变化大。根据已有资料推测，古河床中心部位该层厚度超过130m，远大于目前钻孔揭露的厚度（65m）。

综上所述，坝址区深厚覆盖层除台地部位的第1层、第3层和第5层外，其余各层横向延伸比较稳定，延伸厚度变化较小。

3.6.3 纵向展布特征

通过图3.3可以看出，各层纵向延伸比较稳定。除个别层纵向厚度变化较大以外，大部分变化较小。另外，上部各层纵向延伸厚度变化较大，下部各层相对较稳定。

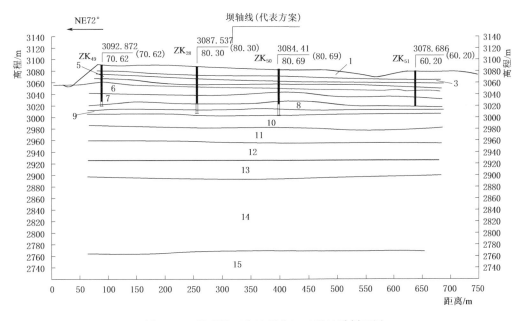

图3.3 3号引轴（台地部位）工程地质剖面图

1—滑坡堆积块碎石土；3—含块石砂卵砂石层；5—堰塞湖相粉细砂层；6—冲积中细、中粗砂层；7—冲积含块石砂卵砾石层；8—冲积中细砂层；9—冲积含块石砂卵砾石层；10—冰水积含块石砂卵砾石层；11—冰水积含块石砾砂层；12—冰水积含砾石中细砂层；13—冰水积含块石砂卵砾石层；14—冰水积含块石砾砂层；15—喜马拉雅期花岗岩；▯▯—推测地下水位线

3.7 小 结

本章主要分析了覆盖层的形成条件：一方面，深切河谷为超深覆盖层的形成提供了物理空间；另一方面，各类型物源丰富。同时对深切河谷成因进行了深度分析，并按其成因及物质组成对覆盖层进行了类型划分。

基于勘探及室内测试成果，研究了覆盖层的物质组成。根据颗粒粒度特征、层位特征、成因类型、地质年代等规律，结合岩组的结构特征，将深厚覆盖层划分为 14 个岩组。

　　结合物探、钻探，对覆盖层纵、横向空间展布特征进行了研究。结果显示：水平方向，除台地部位的第 1 层、第 3 层和第 5 层外，其余各层延伸比较稳定，延伸厚度变化较小；垂直方向，各层延伸比较稳定，除个别层纵向厚度变化较大以外，大部分变化比较小；上部各层纵向延伸厚度变化较大，下部各层较稳定。

第4章　超深覆盖层物理力学试验

覆盖层成因、分层与展布特征是其主要地质特性，物理力学性质和水文地质特征是反映覆盖层工程特性的核心。物质组成是决定覆盖层工程地质特性的基础，物质组成、地质环境相同或类似的条件下，覆盖层物理力学性质与渗透特性具有相似性。因此，物质组成特征是覆盖层工程地质分析研究的基础。

4.1　颗　粒　特　征　试　验

受钻孔取样限制，大部分样品中漂石或块石颗粒含量偏低或缺乏，导致颗粒分析试验结果及颗粒级配累计曲线与实际有一定差异。但是这种差异并未改变颗粒分析试验结果，以及颗粒级配累计曲线的基本特征。

4.1.1　颗粒分析试验结果

粗粒土岩组颗粒分析试验成果统计见表4.1。

表 4.1　　　　　　　　　粗粒土岩组颗粒分析试验成果统计表

地层	试样编号	不同粒径含量/%									
		>200mm	200～60mm	60～20mm	20～5mm	5～2mm	2～0.5mm	0.5～0.25mm	0.25～0.075mm	0.075～0.005mm	<0.005mm
第1层 (Q$_4^{del}$)	TK$_1$	6.8	25.2	34.2	17	3.3	3.8	2.6	4.1	2.0	1.0
第2层 (Q$_4^{al}$–Sgr$_2$)	ZJ$_1$	9.1	20.4	30.2	18.0	5.2	5.9	5.6	4.9	0.7	0.0
	ZJ$_2$	6.1	17.0	33.8	18.3	7.4	6.9	5.6	4.4	0.5	0.0
	ZJ$_3$	8.5	20.9	33.1	15.5	4.3	6.9	6.4	4.0	0.4	0.0
	ZJ$_4$	12.5	34.3	23.6	6.3	1.6	2.5	7.8	10.9	0.5	0.0
	ZJ$_5$	16.8	31.3	27.3	8.3	2.2	2.5	6.3	5.0	0.3	0.0
	ZJ$_6$	11.6	33.0	34.1	7.6	1.8	5.0	7.8	0.4	0.0	
	ZH$_5$	6.5	18.7	39.8	16.6	6.2	4.6	3.2	3.9	0.5	0.0
	ZH$_6$	9.8	22.5	31.0	17.7	5.8	5.1	3.3	4.2	0.6	0.0
	ZH$_7$	8.3	29.4	33.2	7.5	2.3	3.5	8.5	7.2	0.1	0.0
	ZH$_8$	9.8	26.4	30.6	9.0	2.3	3.6	9.0	8.6	0.7	0.0
	最小值	6.1	17.0	23.6	5.4	0.9	1.8	3.2	3.9	0.1	0.0
	最大值	16.8	34.3	39.8	18.3	7.4	6.9	9.0	10.9	0.7	0.0
	均值	9.9	25.3	31.6	12.2	3.8	4.3	6.0	6.0	0.5	0.0

地层	试样编号	不同粒径含量/%									
		>200mm	200~60mm	60~20mm	20~5mm	5~2mm	2~0.5mm	0.5~0.25mm	0.25~0.075mm	0.075~0.005mm	<0.005mm
第5层 $(Q_3^{al}-Ⅳ_2)$	ZK_{13}	0.0	0.0	0.0	1.1	1.3	11.8	53.7	27.3	4.8	0.0
	TC_2	0.0	0.0	0.0	4.9	0.9	0.3	0.9	27.0	61.3	4.7
	均值	0.0	0.0	0.0	2.5	1.1	6.1	27.3	27.2	33.5	2.4
第6层 $(Q_3^{al}-Ⅳ_1)$	ZK_{01-1}	0.0	0.0	0.4	1.3	2.0	6.2	18.2	56.5	10.0	5.4
	ZK_{12}	0.0	0.0	0.0	5.2	1.7	1.5	16.2	60.7	10.7	4.0
	ZK_{02-1}	0.0	0.0	2.6	0.5	0.3	6.4	22.3	54.1	11.0	2.8
	ZK_{17-1}	0.0	0.0	0.0	0.7	1.5	5.2	34.6	40.8	11.7	5.5
	TK_{23}	0.0	0.0	0.0	0.0	1.3	23.7	33.4	36.6	5.0	0.0
	TC_1	0.0	0.0	0.0	8.6	26.7	23.9	30.3	9.1	1.4	0.0
	ZK_7	0.0	0.0	0.0	2.6	0.4	4.2	62.2	27.0	3.6	0.0
	最小值	0.0	0.0	0.0	0.0	0.3	1.5	16.2	9.1	1.4	0.0
	最大值	0.0	0.0	2.6	8.6	26.7	23.9	62.2	60.7	11.7	5.5
	均值	0.0	0.0	0.43	2.7	4.8	10.2	31.0	40.7	7.6	2.5
第7层 $(Q_3^{al}-Ⅲ)$	ZK_{16}	0.0	11.5	33.5	23.9	2.9	2.7	8.7	11.5	3.2	2.1
	ZK_{17-2}	0.0	0.0	30.6	23.2	7.6	5.7	8.3	11.2	10.0	3.4
	均值	0.0	5.8	32.1	23.6	5.3	4.2	8.5	11.4	6.6	2.8
第8层 $(Q_3^{al}-Ⅱ)$	ZK_{18-2}	0.0	0.0	38.8	17.6	5.5	5.0	10.5	15.0	6.0	1.6
	ZK_{14-1}	0.0	0.0	21.4	16.5	1.4	4.8	23.1	20.6	10.0	2.2
	ZK_{03-1}	0.0	0.0	19.6	5.4	2.6	5.5	15.0	36.4	12.0	3.5
	ZK_7	0.0	0.0	0.0	2.6	0.4	4.2	62.2	27.0	3.6	0.0
	TK_{26}	0.0	0.0	0.0	0.0	0.0	0.8	13.3	79.4	5.0	1.5
	最小值	0.0	0.0	0.0	0.0	0.0	0.8	10.5	15.0	3.6	0.0
	最大值	0.0	0.0	38.8	17.6	5.5	5.5	62.2	79.4	12.0	3.5
	均值	0.0	0.0	19.0	10.5	1.9	4.0	24.8	35.7	7.3	1.8
第10层 $(Q_2^{fgl}-Ⅴ)$	$ZK0_{2-2}$	0.0	0.0	24.1	27.0	8.1	6.8	8.8	19.7	3.5	2.0
	ZK_{14-2}	0.0	4.4	33.1	26.8	6.8	5.8	12.3	9.0	1.5	0.3
	ZK_{27-5}	0.0	18.0	49.6	9.5	1.0	1.5	8.3	11.1	1.0	0.0
	ZK_{32-4}	0.0	24.0	44.8	11.8	1.3	1.5	6.4	8.6	1.6	0.0
	最小值	0.0	0.0	24.1	9.5	1.0	1.5	8.3	9.0	1.0	0.0
	最大值	0.0	24.0	49.6	27.0	8.1	6.8	12.3	19.7	3.5	2.0
	均值	0.0	11.6	37.9	18.7	4.3	3.9	8.9	12.1	1.9	1.1

4.1.2　颗粒分析试验的可靠性

颗粒分析试验成果反映了深厚覆盖层各层颗粒粒度的主要特征。然而，与现场调研对比分析，试验结果存在以下问题：

（1）覆盖层岩组颗粒组成差异很大，其中只有巨粒土（第1层、第2层）含有粒径大于200mm的块石，其余各组均不含有，砂层与粉细砂层（第5层、第6层、第8层）大于20mm的颗粒很少。巨粒土和粗粒土覆盖层粒径范围分布很广，除了大部分样品不包含大于200mm的块石（漂石），其余粒径均存在。

（2）颗粒分析试验中巨粒土与粗粒土样品测试结果显示，漂石或块石颗粒（粒径大于200mm），以及粒径大于60mm的物质含量普遍较低。主要受钻孔工艺影响，钻孔中难以获取漂石或块石颗粒（粒径大于200mm）或巨粒（粒径大于60mm）物质，从而导致粒径大于60mm的颗粒含量偏低。

（3）受取样影响，颗粒分析试验结果显示：巨粒含量偏低、粗粒与细粒含量偏高，特别是粗粒含量明显偏高。

（4）土样除缺少巨粒粒组外，基本均含有其他粒组，大部分试样各粒组含量差异大，说明覆盖层的组成物质颗粒是不均匀的。

综上所述，受诸多因素影响，虽然各层粒径有一定程度的差异，但是基本上可以反映各层的粒度特征。因此，钻孔取样进行颗粒分析试验的方法是可行的，试验结果可是靠的。

4.1.3 颗粒级配累计曲线

据颗粒级配累计曲线，可对土的颗粒组成进行两方面分析：一是可大致判断土粒的均匀程度或级配是否良好；二是可简单确定土粒级配的一些定量指标。

土粒级配的定量指标主要包括：（有效粒径）d_{10}、（中值粒径）d_{30} 和（限制粒径）d_{60}。通过 d_{10}、d_{30} 和 d_{60} 可获得土粒级配的两个重要定量指标，即不均匀系数 C_u 和曲率系数 C_c。C_u 和 C_c 的计算如下：

$$C_u = \frac{d_{60}}{d_{10}} \tag{4.1}$$

$$C_c = \frac{d_{30}{}^2}{d_{10}d_{60}} \tag{4.2}$$

不均匀系数 C_u 反映粒组分布情况，即粒度的均匀程度。不均匀系数 C_u 越大，表示粒度的分布范围越大，土粒越不均匀，级配越良好。曲率系数 C_c 描述颗粒级配累计曲线整体形态，表示土中某个粒组是否缺失，反映了限制粒径 d_{60} 与有效粒径 d_{10} 之间各粒组含量的分布情况。

部分覆盖层颗粒分析没有反映小于0.005mm的粒组含量。如果仅根据覆盖层粗粒土颗粒分析结果绘制颗粒级配累计曲线，则无法获得一些特征粒径。因此，需要对颗粒级配累计曲线按趋势进行延伸。颗粒级配累计曲线如图4.1～图4.7所示。

根据图4.1～图4.7可知，不同岩组颗粒级配累计曲线形态差异较大，说明深厚覆盖层不同岩组的颗粒组成差异大。其中，第1层、第2层、第7层、第10层均为粗粒土，颗粒累计曲线形态相近；第5层、第6层、第8层为细粒土，颗粒累计曲线形态相近。

根据覆盖层粗粒土的颗粒级配累计曲线，获得的覆盖层粗粒土级配特征或粒度成分的相关指标见表4.2～表4.8。

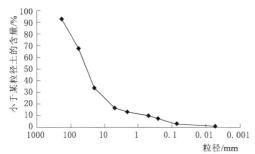

图 4.1　滑坡堆积块碎石土（Q_4^{del}）
颗粒累计曲线（第 1 层）

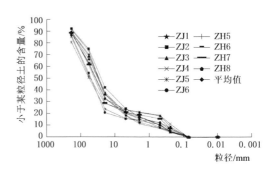

图 4.2　含漂石砂卵砾石层（$Q_4^{al} - Sgr_2$）
颗粒累计曲线（第 2 层）

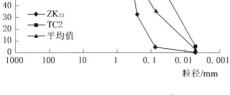

图 4.3　堰塞湖相粉细砂层（$Q_3^{al} - IV_2$）
颗粒累计曲线（第 5 层）

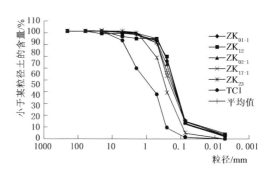

图 4.4　冲积中细～中粗砂层（$Q_3^{al} - IV_1$）
颗粒累计曲线（第 6 层）

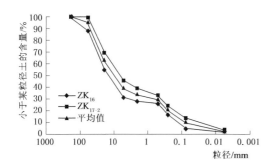

图 4.5　冲积含块石砂卵砾石层（$Q_3^{al} - III$）
颗粒累计曲线（第 7 层）

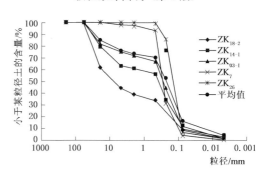

图 4.6　冲积中细砂层（$Q_3^{al} - II$）
颗粒累计曲线（第 8 层）

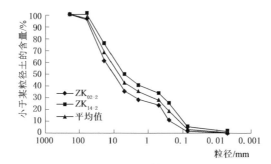

图 4.7　冰水积含块石砂卵砾石层（$Q_2^{fgl} - V$）颗粒累计曲线（第 10 层）

表 4.2 　　　　　滑坡堆积块碎石土（Q_4^{del}）颗粒级配参数表（第1层）

位置	d_{60}/mm	d_{50}/mm	d_{30}/mm	d_{20}/mm	d_{10}/mm	C_u	C_c	级配特征
TK_1	47.00	35.00	16.00	7.00	0.70	67.14	7.78	级配不良

表 4.3 　　　　含漂石砂卵砾石层（$Q_4^{al}-Sgr_2$）颗粒级配参数表（第2层）

位置	d_{60}/mm	d_{50}/mm	d_{30}/mm	d_{20}/mm	d_{10}/mm	C_u	C_c	级配特征
ZJ_1	45.00	22.00	13.00	5.60	1.00	45.00	3.76	级配不良
ZJ_2	35.00	25.00	7.60	3.00	0.47	74.47	3.51	级配不良
ZJ_3	42.00	30.00	11.00	4.60	0.48	87.50	6.00	级配不良
ZJ_4	78.00	54.00	21.00	3.10	0.30	260.00	18.85	级配不良
ZJ_5	83.00	57.00	26.00	10.00	0.30	276.67	27.15	级配不良
ZJ_6	70.00	51.00	27.00	17.00	0.40	175.00	26.04	级配不良
ZH_5	41.00	30.00	13.00	3.60	0.83	49.40	4.97	级配不良
ZH_6	40.00	31.00	9.60	5.50	0.92	43.48	2.50	级配良好
ZH_7	56.00	40.00	22.00	3.00	0.30	186.67	28.81	级配不良
ZH_8	53.00	40.00	10.00	5.00	0.37	143.24	5.10	级配不良
平均值	54.30	38.00	16.02	6.04	0.54	101.12	8.80	级配不良

表 4.4 　　　　堰塞湖相粉细砂层（$Q_3^{al}-N_2$）颗粒级配参数表（第5层）

位置	d_{60}/mm	d_{50}/mm	d_{30}/mm	d_{20}/mm	d_{10}/mm	C_u	C_c	级配特征
ZK_{13}	0.36	0.32	0.26	0.16	0.10	3.79	1.98	级配良好
TC_2	0.08	0.05	0.02	0.01	0.01	9.38	0.67	级配不良
平均值	0.22	0.18	0.14	0.09	0.05	6.58	1.32	级配良好

表 4.5 　　　　冲积中细～中粗砂层（$Q_3^{al}-N_1$）颗粒级配参数表（第6层）

位置	d_{60}/mm	d_{50}/mm	d_{30}/mm	d_{20}/mm	d_{10}/mm	C_u	C_c	级配特征
ZK_{01-1}	0.20	0.17	0.12	0.09	0.02	10.00	3.60	级配良好
ZK_{12}	0.19	0.16	0.11	0.09	0.02	8.26	2.77	级配良好
ZK_{02-1}	0.23	0.18	0.12	0.09	0.03	7.67	2.09	级配良好
ZK_{17-1}	0.26	0.17	0.12	0.09	0.02	13.00	2.77	级配良好
TK_{23}	0.37	0.3	0.17	0.13	0.09	4.25	0.90	级配不良
TC_1	1.70	0.85	0.40	0.31	0.22	7.78	0.43	级配不良
ZK_7	0.49	0.31	0.17	0.13	0.07	8.49	2.09	级配良好
平均值	0.20	0.17	0.12	0.09	0.02	10.00	3.60	级配良好

表 4.6 　　　　冲积含块石砂卵砾石层（$Q_3^{al}-III$）颗粒级配参数表（第7层）

位置	d_{60}/mm	d_{50}/mm	d_{30}/mm	d_{20}/mm	d_{10}/mm	C_u	C_c	级配特征
ZK_{16}	24.00	17.00	5.00	0.33	0.13	184.62	8.01	级配不良
ZK_{17-2}	12.00	6.40	0.40	0.17	0.03	400.00	0.44	级配不良
平均值	18.00	11.70	2.70	0.25	0.08	292.31	4.23	级配不良

表 4.7　　　　　　冲积中细砂层（Q_3^{al}-Ⅱ）颗粒级配参数表（第 8 层）

位置	d_{60}/mm	d_{50}/mm	d_{30}/mm	d_{20}/mm	d_{10}/mm	C_u	C_c	级配特征
ZK_{18-2}	18.00	8.60	0.40	0.22	0.09	200.00	0.10	级配不良
ZK_{14-1}	1.80	0.42	0.23	0.13	0.04	42.86	0.70	级配不良
ZK_{03-1}	0.36	0.24	0.13	0.09	0.02	16.36	2.13	级配良好
ZK_7	0.36	0.31	0.26	0.10	0.10	3.60	1.88	级配不良
ZK_{26}	0.17	0.14	0.12	0.09	0.08	2.13	1.06	级配不良
平均值	4.14	1.94	0.23	0.14	0.07	52.99	1.17	级配良好

表 4.8　　　冰水积含块石砂卵砾石层（Q_2^{fgl}-Ⅴ）颗粒级配参数表（第 10 层）

位置	d_{60}/mm	d_{50}/mm	d_{30}/mm	d_{20}/mm	d_{10}/mm	C_u	C_c	级配特征
ZK_{02-2}	9.00	5.40	0.40	0.19	0.10	93.75	0.19	级配不良
ZK_{14-2}	17.00	11.00	2.50	0.43	0.23	73.91	1.60	级配良好
平均值	13.00	8.20	1.45	0.31	0.16	83.83	0.89	级配不良

土的均匀性判别标准为：对于级配连续的土，采用单一指标 C_u 即可达到比较满意的判别结果。但如果缺少中间粒径（d_{60} 与 d_{10} 之间的某粒组），即土的级配不连续，累计曲线呈台阶状。此时，采用单一指标 C_u 难以有效判定土的级配。当砾类土或砂类土同时满足 $C_u > 5$ 和 $C_c = 1 \sim 3$ 两个条件时，则为良好级配；如不能同时满足，则为级配不良。

对覆盖层粗粒土的级配特征应用 C_u 和 C_c 两个条件进行判别。根据图 4.1～图 4.7 和表 4.2～表 4.8，坝址区覆盖层粗粒土类的第 1 层、第 2 层、第 7 层、第 10 层岩组级配不良，粗粒土类的第 5 层、第 6 层、第 8 层岩组总体级配良好。

4.2　物质组成特征

进一步分析研究，可归纳总结出坝址深厚覆盖层各层（岩组）的物质组成特征如下。

（1）第 1 层（滑坡堆积块碎石土 Q_4^{del}）。该层颗粒粒径分布广，既有大于 200mm 的块石颗粒，也有小于 0.005mm 的黏粒。试验结果表明，粒径大于 200mm 的块石占 6.8%，粒径 2～200mm 的碎（角）粒占 79.7%。块石成分主要为花岗岩和砂岩，其余为砂粒、粉粒和黏粒，其中黏粒仅占 1%。根据颗粒分析结果，该层级配不良。

现场地质测绘显示，该层块径一般为 20～50cm，最大超过 5m，具有典型的滑坡堆积体特征。对于磨圆度，大部分较小颗粒具有一定磨圆，虽与一般滑坡堆积体的颗粒特征有差异，但符合古滑坡堆积体的颗粒特征。

（2）第 2 层（含漂石砂卵砾石层 Q_4^{al}-Sgr_2）。该层为现代河床浅表部的冲积沉积层，通过地表的坑槽取样进行颗粒分析试验，可反映该层的颗粒粒径特征。根据该层的 10 个颗粒分析试验结果，虽然河床不同部位的测试结果有差异，但总体能够反映该层的颗粒组成特征。

根据颗分平均值，该层粒径大于 200mm 的漂石占 9.8%，粒径 2～200mm 的卵（圆）粒占 72.9%，其余为砂粒、粉粒，其中粉粒仅占 0.5%。对于颗粒磨圆度，大于 2mm 的颗粒具有较好磨圆，该特征与一般冲积层一致。卵砾石磨圆中等，少数棱角状，级配差、分选性较差，卵砾石成分主要为花岗岩和砂岩。根据颗粒分析结果，该层级配不良。

（3）第 3 层（含块石砂卵砾石层 $Q_4^{al}-Sgr_1$）。该层为混合沉积层，即左岸古河床表部的冲积层与崩滑物混合沉积形成。该层粒径大于 20mm 的块石含量占 5%，碎石含量约为 5%，块碎石成分主要为砂岩。粒径 6～10cm 的卵石含量约为 10%，粒径 0.5～6cm 的砾石含量约为 30%，卵砾石磨圆较差，次棱角状为主。中砂约占 15%，细砂含量约为 20%，其余为粉土，局部有砂层透镜体（$Q_4^{al}-Ss$）。

（4）第 4 层（冲积含砾砂层 $Q_3^{al}-V$）。该层为冲积含砾砂层，即Ⅲ级残留阶地堆积。浅表部为山体崩积块碎石土与砂砾石混杂堆积，厚度一般为 0.5～3m。下部主要为冲积含砾中细砂层，局部夹粒径为 1.5～5m 的大块石，可能为沉积过程中上部山体崩塌物，泥质含量 10%～15%。该层厚度 35.00～50.00m，平均厚度 45m。

（5）第 5 层（堰塞湖相粉细砂层 $Q_3^{al}-IV_2$）。该层为粉细砂层。不存在大于 20mm 的粗大颗粒，主要为 0.5～0.005mm 的中细砂粒和粉粒，含量高达 88%，其中以 0.075～0.005mm 的粉粒含量最大（33.5%），此外含有 2.4% 的黏粒。颗粒分析结果显示，该层为典型的堰塞沉积，颗粒级配良好。

（6）第 6 层（冲积中细砂层 $Q_3^{al}-IV_1$）。该层为中细砂层。根据颗粒分析结果，该层不含大于 60mm 的粗大颗粒，主要为 0.5～0.075mm 的中细砂粒，含量高达 71.7%，其中以 0.25～0.075mm 的细砂粒含量最大（40.7%），此外含有 2.5% 的黏粒。颗粒分析结果显示，该层为典型的冲积中细砂层，级配良好。

（7）第 7 层（冲积含块石砂卵砾石层 $Q_3^{al}-III$）。该层为含块石砂卵砾石层。根据颗粒分析结果，该层不含大于 200mm 的漂（块）石颗粒，主要为 5～60mm 的圆粒，含量高达 55.7%。其中以 20～60mm 的粗圆粒含量最大（32.1%），卵砾石成分主要为花岗岩和砂岩，其次为 2～0.075mm 的砂粒（30.7%），此外含有 9.4% 的粉粒和黏粒。

因取自钻孔岩芯，该层无大于 200mm 的漂（块）石颗粒。对于磨圆度，大于 2mm 颗粒具有较好磨圆，这一特征与一般冲积层一致。颗粒分析结果显示，该层为典型冲积砂卵砾石层，颗粒级配不良。

（8）第 8 层（冲积中细砂层 $Q_3^{al}-II$）。该层为中细砂层。根据颗粒分析结果，该层无大于 60mm 的粗大颗粒，主要为 0.5～0.075mm 的中细砂粒，含量高达 60.5%。其中以 0.25～0.075mm 的细砂粒含量最大，为 35.7%。此外含有 9.1% 的粉粒和黏粒。颗粒分析结果显示，该层为典型冲积中细砂层，级配良好。

（9）第 9 层（冲积含块石砂卵砾石层 $Q_3^{al}-I$）。该层为含块石砂卵砾石层。粒径 60～200mm 卵石约占 10%，粒径 2～60mm 砾石约占 55%，砂含量约占 30%，粉粒类土约占 5%。卵砾石磨圆度较差，呈次棱角～次圆状，分选性一般。卵砾石成分主要为花岗岩和砂岩等。

（10）第 10 层（冰水积含块石砂卵砾石层 $Q_2^{fgl}-V$）。该层为含块石砂卵砾石层。根据颗粒分析结果，该层不含大于 200mm 的块（漂）石颗粒，主要为 200～5mm 的碎石和角粒，含量高达 68.2%。其中以 20～60mm 的角粒含量最大，为 37.9%，其次为 0.5～0.075mm 的中细粒，含量 21%，此外含有 3.0% 的粉粒和黏粒。因取自钻孔岩芯，该层无大于 200mm 的漂（块）石颗粒。对于磨圆度，大于 2mm 的颗粒磨圆普遍较差，为较典型冰水沉积层，级配不良。

（11）第 11 层（冰水积含块石砾砂层 Q_2^{fgl} -Ⅳ）。该层为间冰期的冰水积含块石砾砂层。粒径大于 200mm 的块石约占 5%，粒径 5～60mm 的砾石约占 55%，中～细砂约占 25%，粉粒含量约 15%。卵砾石以次棱角状为主，分选性差，砾石成分主要为花岗岩和砂岩。相比河床砂卵砾石层，该层泥质物含量较高。

（12）第 12 层（冰水积含砾石中细砂层 Q_2^{fgl} -Ⅲ）。该层大于 200mm 的块石含量约 5%，粒径 60～80mm 的碎石含量 15%，粒径 10～50mm 的砾石约占 40%，泥质含量约占 5% 左右，其余为中～细砂。卵砾石磨圆一般，次棱角～次圆状为主。级配较差、分选性差，该层物质具有一定排序性，排序较冲积层差，块石、卵石、碎石岩性主要为花岗石和砂岩。

（13）第 13 层（冰水积含块石砂卵砾石层 Q_2^{fgl} -Ⅱ）。该层大于 200mm 的块石含量约 5%，粒径 60～80mm 的碎石占 15%，粒径 10～50mm 的砾石约占 40%，泥质含量约占 5% 左右，其余为中～细砂。卵砾石磨圆一般，次棱角～次圆状为主。级配较差、分选性差，该层物质具有一定排序性，排序较冲积层差，块石、卵石、碎石岩性主要为花岗石和砂岩。

（14）第 14 层（冰水积含块石砾砂层 Q_2^{fgl} -Ⅰ）。该层大于 200mm 的块石含量 5%，粒径 60～80mm 的碎石约占 10% 左右，粒径 5～30mm 的砾石约占 20%，中细砂占 55%，粉土含量约 10%。砾石以次圆状为主，少量呈次棱角状，该层物质具有一定排序性，排序性较冲积层差，块（卵）（碎）石岩性主要为花岗石和砂岩。

综上所述，覆盖层宏观上可以分为粗粒土、砂粒土和细粒土，其中以粗粒土为主。粗粒土（第 1 层、第 2 层、第 3 层、第 7 层）总体上为密实状态，细粒土（第 5 层、第 8 层）密实度稍差，为相对松散状态。据此可以判断，电站坝址区深厚覆盖层的物质特征总体为：粗粒土为主，基本为密实状态，具有较好的物理力学性质。

4.3　物　理　力　学　试　验

根据现场勘察情况，在河床覆盖层中部、上部岩组进行取样，试验获取覆盖层较为实际的物理性质指标。覆盖层共取样 45 组，物理指标室内试验统计分析结果见表 4.9，力学指标室内试验统计分析结果见表 4.10。

表 4.9　　　　　　　　　　覆盖层物理指标室内试验统计分析结果

覆盖层岩组	值别	密度/(g/cm³)	干密度 ρ_d/(g/cm³)	孔隙比 e	孔隙率 n/%	相对密度 D_r
第 1 层 (Q_4^{del})	最大值	2.73	2.12	0.73	42.2	0.82
	最小值	2.68	1.55	0.29	22.3	0.82
	平均值	2.71	1.84	0.509	32.3	0.82
第 2 层 (Q_4^{al} - Sgr₂)	最大值	2.74	2.16	0.28	21.92	
	最小值	2.67	2.13	0.24	19.29	
	平均值	2.69	2.14	0.26	20.40	

续表

覆盖层岩组	值别	密度/(g/cm³)	干密度 ρ_d/(g/cm³)	孔隙比 e	孔隙率 n/%	相对密度 D_r
第6层 (Q₃ᵃˡ-Ⅳ₁)	最大值	2.71	1.83	0.69	40.70	0.90
	最小值	2.67	1.59	0.46	31.72	0.53
	平均值	2.68	1.70	0.58	36.61	0.74
第7层 (Q₃ᵃˡ-Ⅲ)	最大值	2.69	1.88	0.57	36.19	0.83
	最小值	2.67	1.71	0.43	29.85	0.77
	平均值	2.68	1.80	0.49	32.83	0.80
第8层 (Q₃ᵃˡ-Ⅱ)	最大值	2.70	1.82	0.64	39.03	0.66
	最小值	2.68	1.64	0.47	32.09	0.59
	平均值	2.69	1.74	0.55	35.41	0.63
第9层 (Q₃ᵃˡ-Ⅰ)、 第10层 (Q₂ᶠᵍˡ-Ⅴ)	最大值	2.70	1.98	0.46	31.60	0.72
	最小值	2.67	1.84	0.36	26.67	0.56
	平均值	2.68	1.91	0.41	29.14	0.64

表 4.10　　　　覆盖层力学（含渗透性）指标室内试验统计分析结果

覆盖层岩组	值别	压缩系数 α/MPa⁻¹	压缩模量 E_s/MPa	黏聚力 c/kPa	内摩擦角 φ/(°)	临界坡降 J_{cr}	渗透系数 k/(cm/s)
第1层 (Q₄ᵈᵉˡ)	最大值	0.120	14.44	31.00	36.68	0.35	4.75×10^{-2}
	最小值	0.116	14.25	17.00	26.90		8.06×10^{-4}
	平均值	0.118	14.35	24.00	31.78	0.35	2.42×10^{-2}
第2层 (Q₄ᵃˡ-Sgr₂)	最大值	0.07	40.36	15.00	44.63	0.66	2.82×10^{-2}
	最小值	0.04	13.77	4.00	39.93	0.32	1.86×10^{-3}
	平均值	0.06	25.65	7.10	43.83	0.52	7.52×10^{-3}
第6层 (Q₃ᵃˡ-Ⅳ₁)	最大值	0.156	23.37	48.00	38.83		1.71×10^{-3}
	最小值	0.071	10.77	13.00	27.23		6.32×10^{-6}
	平均值	0.11	15.76	25.13	33.85		3.20×10^{-4}
第7层 (Q₃ᵃˡ-Ⅲ)	最大值	0.11	24.50	36.00	44.12	1.63	1.84×10^{-3}
	最小值	0.06	11.90	5.00	36.32	0.51	2.49×10^{-4}
	平均值	0.08	17.15	21.2	39.57	1.18	9.38×10^{-4}
第8层 (Q₃ᵃˡ-Ⅱ)	最大值	0.11	28.11	40.00	38.57		1.12×10^{-4}
	最小值	0.08	14.00	9.00	33.12		1.01×10^{-5}
	平均值	0.09	18.50	30.90	36.23		5.89×10^{-5}
第9层 (Q₃ᵃˡ-Ⅰ)、 第10层 (Q₂ᶠᵍˡ-Ⅴ)	最大值	0.11	32.40	26.00	44.33	1.42	2.04×10^{-3}
	最小值	0.04	13.64	4.00	33.82	0.65	3.97×10^{-4}
	平均值	0.07	22.42	12.00	40.43	1.04	1.14×10^{-3}

4.4　室内动力三轴试验

4.4.1　试验说明

覆盖层中第 6 层砂层和第 8 层砂层发育规模较大、埋深相对较浅，存在地震液化的可能性。为准确评价砂层地震液化的可能性，开展了室内动力三轴试验。

砂层取样位置见表 4.11，第 6 层和第 8 层物性指标结果见表 4.12 和表 4.13。

表 4.11　　　　　　　　　　砂 层 取 样 位 置 表

试 样 名 称	取样及现场试验位置
第 6 层	厂房左岸人工边坡、泄洪闸地基
第 8 层	高程 3029.00m 厂房地基

表 4.12　　　　　　　　　　第 6 层 物 性 指 标 结 果

土样编号	2.0～0.50mm含量/%	0.50～0.25mm含量/%	0.25～0.075mm含量/%	＜0.075mm含量/%	C_u	C_c	定　名
6－1	22.6	52.5	24.2	0.7	2.16	0.97	级配不良砂
6－2	5.8	44.9	47.9	1.4	1.75	0.94	级配不良砂
6－3	5.0	48.7	45.2	1.1	1.81	0.92	级配不良砂
6－4	17.6	51.3	29.2	1.9	2.18	0.93	级配不良砂
6－5	19.8	57.3	22.1	0.8	2.11	1.03	级配不良砂
6－6	27.1	54.6	17.3	1.0	2.11	1.08	级配不良砂
6－7	19.8	56.7	22.6	0.9	2.17	1.04	级配不良砂
6－8	30.9	53.0	14.3	1.8	2.34	1.30	级配不良砂
6－9	33.7	55.5	10.4	0.4	1.94	1.14	级配不良砂
6－10	14.0	68.6	17.1	0.3	1.92	1.15	级配不良砂
6－11	16.2	68.2	15.3	0.3	1.89	1.17	级配不良砂
6－12	23.3	62.8	13.5	0.4	1.93	1.16	级配不良砂
6－13	22.6	62.9	14.1	0.4	1.93	1.15	级配不良砂
6－14	28.8	59.4	11.4	0.4	1.91	1.14	级配不良砂
均值	20.5	56.9	21.8	0.	2.01	1.08	—

表 4.13　　　　　　　　　　第 8 层 物 性 指 标 结 果

土样编号	2.0～0.50mm含量/%	0.50～0.25mm含量/%	0.25～0.075mm含量/%	＜0.075mm含量/%	C_u	C_c	定　名
8－1	17.2	66.6	15.6	0.6	1.93	1.15	级配不良砂
8－2	12.8	59.5	26.8	0.9	2.05	0.96	级配不良砂
8－3	24.6	62.0	12.9	0.5	1.95	1.18	级配不良砂
8－4	20.9	62.8	15.6	0.7	2.03	1.20	级配不良砂
8－5	6.1	49.4	43.2	1.3	1.84	0.90	级配不良砂

土样编号	2.0～0.50mm 含量/%	0.50～0.25mm 含量/%	0.25～0.075mm 含量/%	<0.075mm 含量/%	C_u	C_c	定　名
8-6	9.5	46.4	42.6	1.5	1.91	0.91	级配不良砂
8-7	25.1	62.8	11.3	0.8	1.89	1.17	级配不良砂
8-8	21.2	62.9	15.3	0.6	1.99	1.17	级配不良砂
8-9	24.9	62.1	12.0	1.0	1.98	1.23	级配不良砂
均值	18.0	59.4	21.7	0.9	1.95	1.10	—

4.4.2　试验成果分析

4.4.2.1　动弹性模量和阻尼比

第 6 层和第 8 层动弹性模量和阻尼比参数试验曲线分别如图 4.8 和图 4.9 所示。

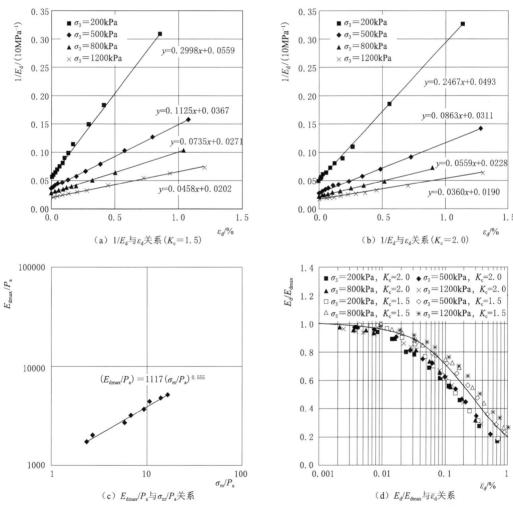

图 4.8（一）（第 6 层）动弹性模量和阻尼比试验曲线

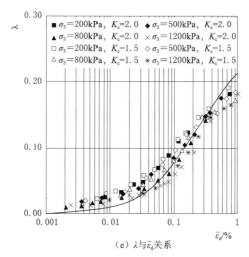

（e）λ 与 $\bar{\varepsilon}_d$ 关系

图 4.8（二）　（第 6 层）动弹性模量和阻尼比试验曲线

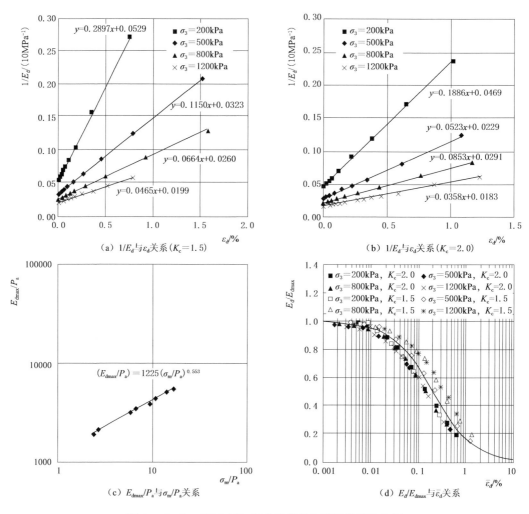

（a）$1/E_d$ 与 ε_d 关系（K_c＝1.5）

（b）$1/E_d$ 与 ε_d 关系（K_c＝2.0）

（c）E_{dmax}/P_a 与 σ_m/P_a 关系

（d）E_d/E_{dmax} 与 $\bar{\varepsilon}_d$ 关系

图 4.9（一）　（第 8 层）动弹性模量和阻尼比试验曲线

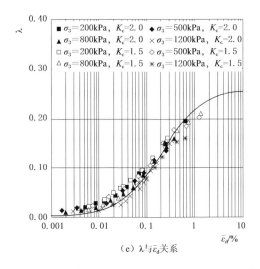

（e）λ 与 $\bar{\varepsilon}_d$ 关系

图 4.9（二）（第 8 层）动弹性模量和阻尼比试验曲线

动弹性模量和阻尼比试验成果见表 4.14。

表 4.14　　　　　　　　　　动弹性模量和阻尼比试验成果

分层	$\rho_d/(g/cm^3)$	k_2'	n	k_2	k_1'	k_1	λ_{max}
第 6 层	1.57	1117	0.555	420	4.0	3.0	0.27
第 8 层	1.60	1225	0.533	460	4.9	3.7	0.26

4.4.2.2　动残余变形试验结果

图 4.10 和图 4.11 给出了动残余变形试验整理曲线，得到的模型参数成果见表 4.15，动残余变形试验曲线见图 4.12 和图 4.13。

表 4.15　　　　　　　　　　动 残 余 变 形 试 验 成 果

分层	$\rho_d/(g/cm^3)$	$c_1/\%$	c_2	c_3	$c_4/\%$	c_5
第 6 层	1.57	1.01	1.56	0	7.53	1.37
第 8 层	1.60	0.97	1.52	0	7.28	1.37

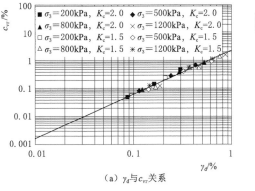

（a）γ_d 与 c_{vr} 关系

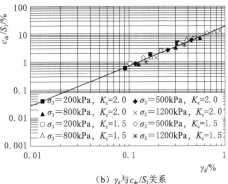

（b）γ_d 与 c_{dr}/S_l 关系

图 4.10　第 6 层动残余变形试验整理曲线

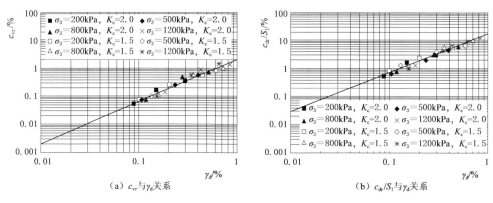

（a）c_{vr} 与 γ_d 关系　　　　　　　　　（b）c_{dr}/S_1 与 γ_d 关系

图 4.11　第 8 层动残余变形试验整理曲线

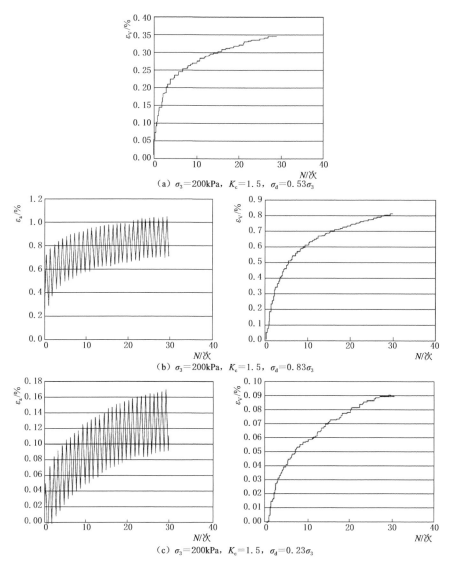

图 4.12（一）　第 6 层动残余变形试验曲线

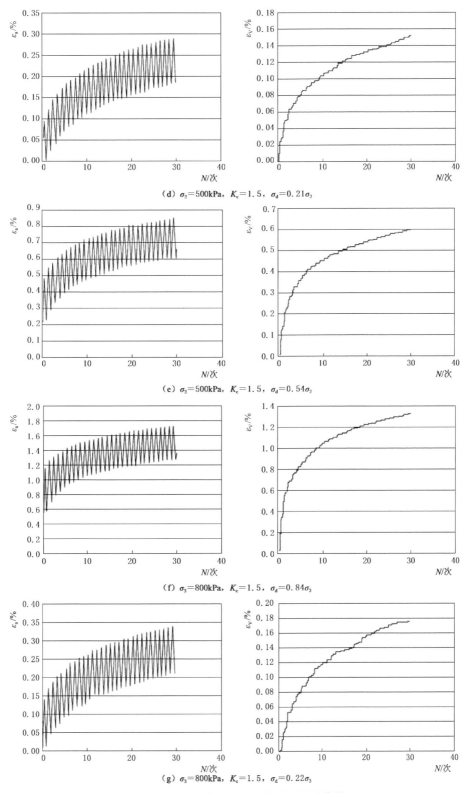

(d) $\sigma_3=500\text{kPa}$, $K_c=1.5$, $\sigma_d=0.21\sigma_3$

(e) $\sigma_3=500\text{kPa}$, $K_c=1.5$, $\sigma_d=0.54\sigma_3$

(f) $\sigma_3=800\text{kPa}$, $K_c=1.5$, $\sigma_d=0.84\sigma_3$

(g) $\sigma_3=800\text{kPa}$, $K_c=1.5$, $\sigma_d=0.22\sigma_3$

图 4.12（二） 第 6 层动残余变形试验曲线

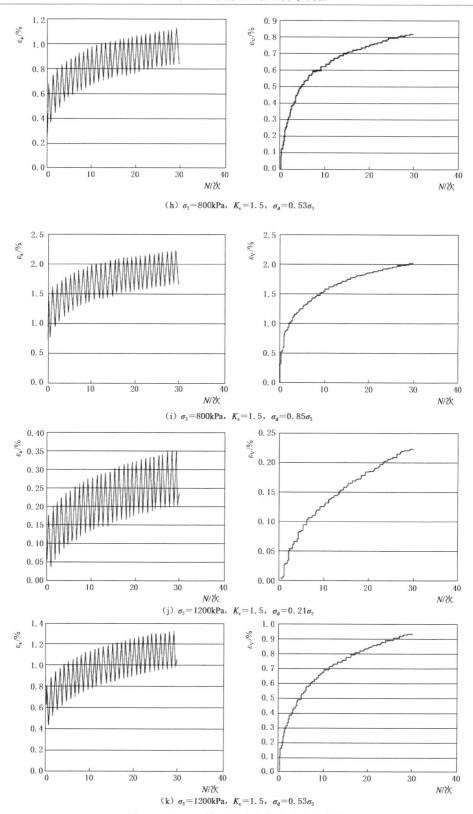

（h）$\sigma_3 = 800\text{kPa}$，$K_c = 1.5$，$\sigma_d = 0.53\sigma_3$

（i）$\sigma_3 = 800\text{kPa}$，$K_c = 1.5$，$\sigma_d = 0.85\sigma_3$

（j）$\sigma_3 = 1200\text{kPa}$，$K_c = 1.5$，$\sigma_d = 0.21\sigma_3$

（k）$\sigma_3 = 1200\text{kPa}$，$K_c = 1.5$，$\sigma_d = 0.53\sigma_3$

图 4.12（三）　第 6 层动残余变形试验曲线

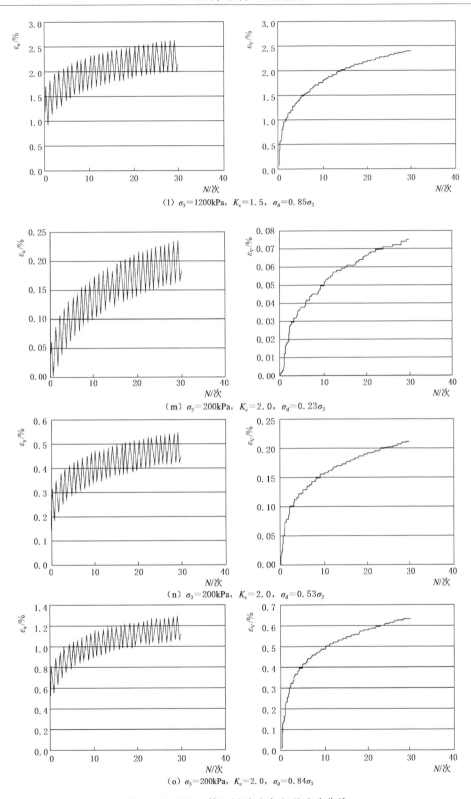

(1) $\sigma_3 = 1200\text{kPa}$, $K_c = 1.5$, $\sigma_d = 0.85\sigma_3$

(m) $\sigma_3 = 200\text{kPa}$, $K_c = 2.0$, $\sigma_d = 0.23\sigma_3$

(n) $\sigma_3 = 200\text{kPa}$, $K_c = 2.0$, $\sigma_d = 0.53\sigma_3$

(o) $\sigma_3 = 200\text{kPa}$, $K_c = 2.0$, $\sigma_d = 0.84\sigma_3$

图 4.12 (四) 第 6 层动残余变形试验曲线

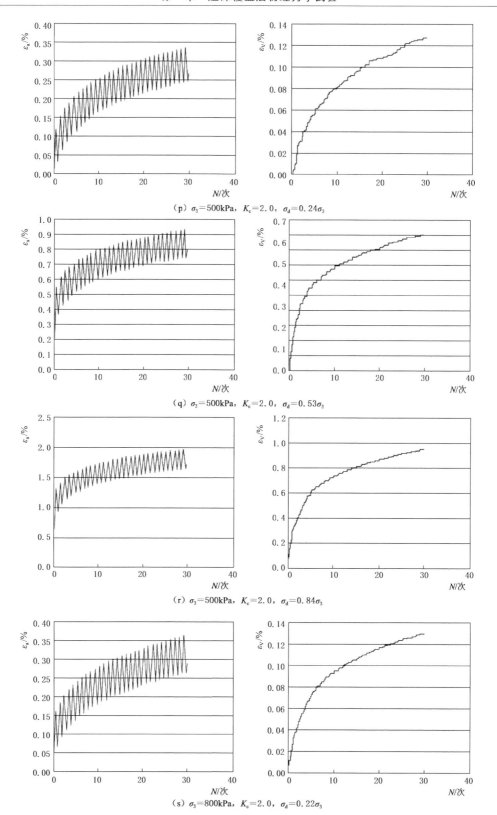

（p）$\sigma_3 = 500\text{kPa}$，$K_c = 2.0$，$\sigma_d = 0.24\sigma_3$

（q）$\sigma_3 = 500\text{kPa}$，$K_c = 2.0$，$\sigma_d = 0.53\sigma_3$

（r）$\sigma_3 = 500\text{kPa}$，$K_c = 2.0$，$\sigma_d = 0.84\sigma_3$

（s）$\sigma_3 = 800\text{kPa}$，$K_c = 2.0$，$\sigma_d = 0.22\sigma_3$

图 4.12（五） 第 6 层动残余变形试验曲线

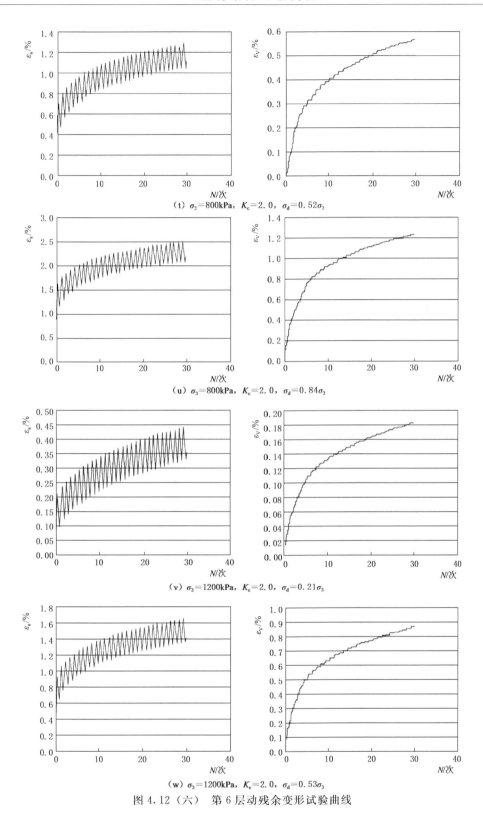

（t）$\sigma_3=800\text{kPa}$，$K_c=2.0$，$\sigma_d=0.52\sigma_3$

（u）$\sigma_3=800\text{kPa}$，$K_c=2.0$，$\sigma_d=0.84\sigma_3$

（v）$\sigma_3=1200\text{kPa}$，$K_c=2.0$，$\sigma_d=0.21\sigma_3$

（w）$\sigma_3=1200\text{kPa}$，$K_c=2.0$，$\sigma_d=0.53\sigma_3$

图 4.12（六） 第 6 层动残余变形试验曲线

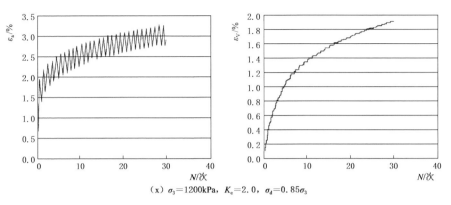

（x）$\sigma_3 = 1200\text{kPa}$，$K_c = 2.0$，$\sigma_d = 0.85\sigma_3$

图 4.12（七）　第 6 层动残余变形试验曲线

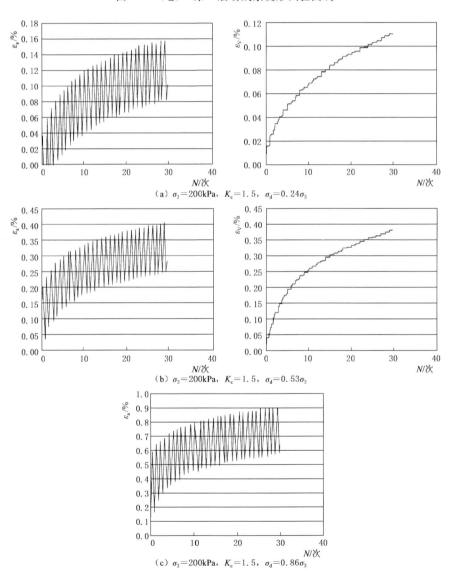

（a）$\sigma_3 = 200\text{kPa}$，$K_c = 1.5$，$\sigma_d = 0.24\sigma_3$

（b）$\sigma_3 = 200\text{kPa}$，$K_c = 1.5$，$\sigma_d = 0.53\sigma_3$

（c）$\sigma_3 = 200\text{kPa}$，$K_c = 1.5$，$\sigma_d = 0.86\sigma_3$

图 4.13（一）　第 8 层动残余变形试验曲线

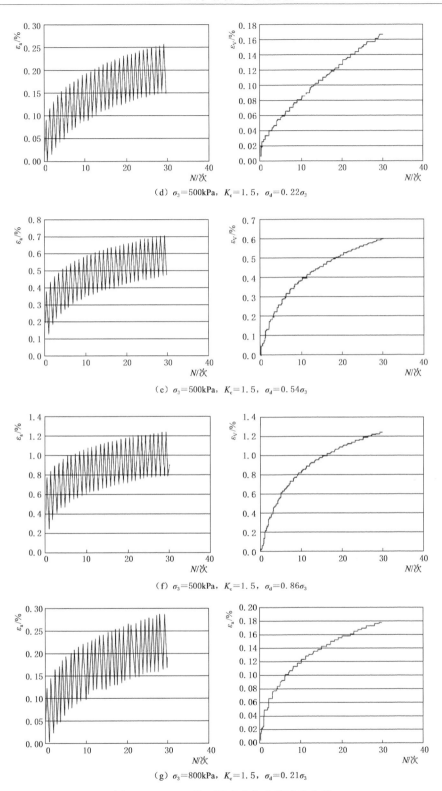

（d）$\sigma_3=500\text{kPa}$，$K_c=1.5$，$\sigma_d=0.22\sigma_3$

（e）$\sigma_3=500\text{kPa}$，$K_c=1.5$，$\sigma_d=0.54\sigma_3$

（f）$\sigma_3=500\text{kPa}$，$K_c=1.5$，$\sigma_d=0.86\sigma_3$

（g）$\sigma_3=800\text{kPa}$，$K_c=1.5$，$\sigma_d=0.21\sigma_3$

图 4.13（二）　第 8 层动残余变形试验曲线

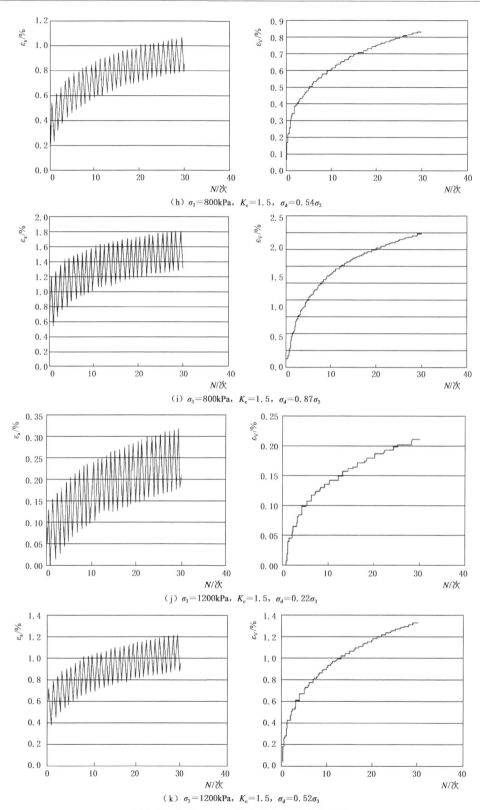

（h）$\sigma_3=800\text{kPa}$，$K_c=1.5$，$\sigma_d=0.54\sigma_3$

（i）$\sigma_3=800\text{kPa}$，$K_c=1.5$，$\sigma_d=0.87\sigma_3$

（j）$\sigma_3=1200\text{kPa}$，$K_c=1.5$，$\sigma_d=0.22\sigma_3$

（k）$\sigma_3=1200\text{kPa}$，$K_c=1.5$，$\sigma_d=0.52\sigma_3$

图 4.13（三）　第 8 层动残余变形试验曲线

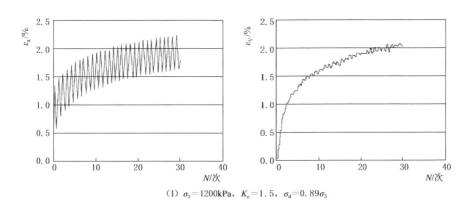

（1）$\sigma_3 = 1200\text{kPa}$，$K_c = 1.5$，$\sigma_d = 0.89\sigma_3$

图 4.13（四）　第 8 层动残余变形试验曲线

4.4.2.3　动强度试验成果

图 4.14 和图 4.15 给出了第 6 层和第 8 层动应力 σ_d、动孔隙水压力 u_d、动剪应力比 $\sigma_d/2\sigma_0$ 和动孔隙水压力比 u_d/σ_0 与振次 N_f 的关系曲线。其中，σ_0 为振前试样 45°面上的有效法向应力，表达为 $\sigma_0 = (K_c + 1)\sigma_3/2$，其中 K_c 为固结比。

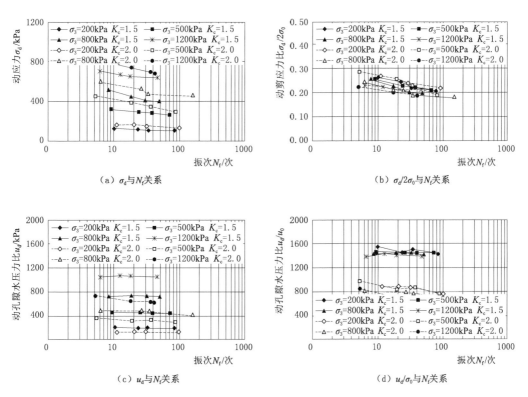

图 4.14　第 6 层试样动强度试验曲线

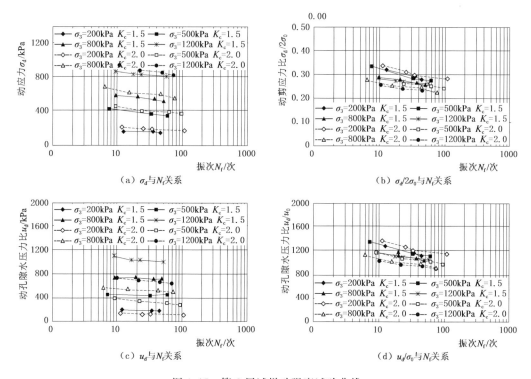

图 4.15　第 8 层试样动强度试验曲线

第5章　超深覆盖层原位试验

原位试验是获取覆盖层物理力学性质指标的重要测试手段，可以获取室内试验无法替代的物理力学参数。原位测试具有许多明显的优点，例如扰动小、测试数据可靠性高、测试结果人为影响小、可反映地质赋存环境等。

为获取覆盖层的物理力学参数，该工程主要开展了载荷试验、旁压试验、重型动力触探和标准贯入试验等原位测试。

5.1　载　荷　试　验

载荷试验是获取地基承载力、变形模量的最基本方法，是一种较接近于实际基础受力状态和变形特征的现场模拟性试验。该工程共开展了6组深厚覆盖层载荷试验，试点布置于坝址河心滩和左岸漫滩，试验部位均为河床砂卵砾石层，多呈密实状态。

5.1.1　试点加工与试验方法

采用圆形刚性承压板法，承压板直径40cm。试验前，将试验部位上覆碎石土层清除至砂砾石层，并清除试点（面）上大于60cm粒径的卵砾石，保持砂砾石层的天然湿度和原状结构，在承压板与砂砾石层接触处铺设1cm厚的中砂，以保证底板水平与下部基础均匀接触。加荷过程中观察承压板外地基出现的裂缝及其他变化情况，沉降变形出现大范围变化时认为地基破坏，并终止试验。

5.1.2　加荷标准与沉降稳定标准

采用逐级连续升压直至破坏的加压方式。第一级施加的荷载近似于开挖的上部土层自重（包括设备重量），之后每级荷载增量（即加荷等级）0.05MPa。加荷用时间控制，加荷后立即观测一次沉降量，之后每隔30min观测一次，直至该级荷载沉降相对稳定，再施加下一级荷载。试验过程中，如承压板周围有明显的侧向挤出或发生裂缝，或荷载增量较小而沉降急剧增大，即P—S曲线出现陡降阶段时，认为此时地基达到极限状态，终止试验。

5.1.3　载荷试验成果分析

根据现场试验原始记录，基于各级荷载值P及相应沉降量S，绘制出P—S关系曲线。根据曲线分析确定地基比例极限P_0、屈服极限P_f和极限荷载P_L，按变形模量计算公式$E=(\pi/4)\times(1-\mu_2)\times P\times(d/S)$得出比例极限荷载的地基变形模量（$d=40$cm）。载荷试验成果统计见表5.1。

表 5.1   载 荷 试 验 成 果 统 计

试验编号	试验位置	岩组	极限荷载 P_L		屈服极限 P_r		比例极限 P_0		
			应力/MPa	沉降量/cm	应力/MPa	沉降量/cm	应力/MPa	沉降量/cm	变形模量/MPa
ZH_1	左岸台地	Q_4^{del}	0.233	0.486	0.181	0.235	0.129	0.101	35
ZH_2	左岸厂房		1.164	1.163	0.905	0.989	0.388	0.171	71
ZH_3	右岸漫滩		1.371	1.134	1.035	0.684	0.453	0.153	93
ZH_4	右岸厂房	$Q_4^{al}-$ Sgr$_2$	1.241	1.072	0.940	0.543	0.647	0.233	87
ZH_5			0.858	0.635	0.656	0.260	0.404	0.050	195
ZH_6	左岸漫滩		0.959	0.513	0.807	0.273	0.505	0.086	142
ZH_7			0.832	0.458	0.732	0.236	0.555	0.134	100
ZH_{10}			0.505	0.607	0.404	0.310	0.202	0.042	116
最小值			0.505	0.458	0.404	0.260	0.202	0.042	71
最大值			1.371	1.163	1.035	0.989	0.647	0.233	195
平均值（去掉最大值和最小值）			1.011	0.798	0.808	0.409	0.461	0.119	108
ZH_8	河心滩	$Q_4^{al}-$ Sgr$_2$	0.883	0.585	0.757	0.387	0.606	0.314	47
ZH_9			0.832	0.732	0.656	0.368	0.505	0.182	67
平均值			0.858	0.659	0.707	0.378	0.556	0.248	57
$Q_4^{al}-$ Sgr$_2$ 总平均值			0.935	0.729	0.758	0.394	0.509	0.184	82.3

绘制出的载荷试验曲线见图 5.1～图 5.6。可以看出，沉降量随载荷的增大而增加，可以分为以下三个阶段：

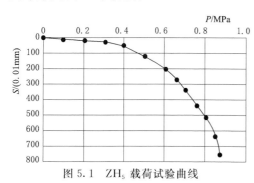

图 5.1　ZH_5 载荷试验曲线

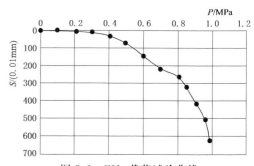

图 5.2　ZH_6 载荷试验曲线

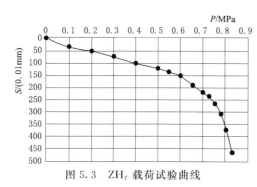

图 5.3　ZH_7 载荷试验曲线

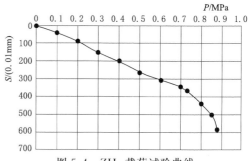

图 5.4　ZH_8 载荷试验曲线

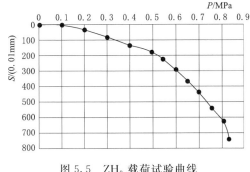

图 5.5 ZH$_9$ 载荷试验曲线

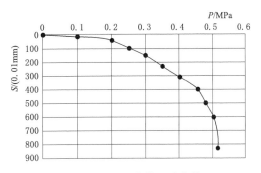

图 5.6 ZH$_{10}$ 载荷试验曲线

（1）第一阶段，地基基本为弹性体，具有一定的抗变形能力。曲线形态表现为沉降量随应力的增加等比例增大，$P-S$ 为线性关系。

（2）第二阶段，荷载增加到一定程度时（0.202～0.606MPa），地基抗变形能力减弱，地基原有的内部结构被改变，线性关系发生根本变化，沉降量开始表现出增大的趋势。

（3）第三阶段，荷载继续增大，曲线变缓并沿某一斜率加快沉降，地基原有结构处于破坏状态，出现塑性变形。当这种变形一直持续到地基内部结构压密到最大程度，即屈服极限（0.404～0.807MPa）时，曲线斜率变陡、沉降速率加大，地基内部原有结构连续破坏。

当荷载达到极限荷载 P_L 时，地基内部原始结构基本破坏。宏观表现为压力不稳定、地表裂缝规模扩大、沉降量显著增加，可确定为地基极限承载力。由于地基的非均质性，各部位地基土颗粒级配、天然密度、天然含水量等存在差异，因此 6 组载荷试验各阶段测值存在一定差异。但总体而言，通过载荷试验得到覆盖层的力学性质具有一定共性，试验参数总体反映了现场地基的真实承载能力，具有一定代表性。

5.2 旁 压 试 验

旁压试验是一种利用钻孔进行的原位横向载荷试验。其原理是通过旁压探头在竖直孔内加压，旁压膜膨胀将压力传给周围土体，使其产生变形直至破坏。此过程中通过量测装置得到施加压力和土体变形量，绘制土体应力—应变（或钻孔体积增量与径向位移）关系曲线，据此评价土体（或软岩）的承载、变形能力。

图 5.7 为钻孔旁压试验原理示意图。

旁压试验与平板载荷测试相比具有显著的优点。旁压试验可在不同深度进行测试，所得地基承载力与平板载荷测试结果有良好的相关性。旁压试验与载荷试验在加压方式、变形观测、曲线形状及成果整理等方面均有类似之处，其用途也基本相同。但旁压试验设备轻、测试时间短，并可在地基土的不同深度（特别是地下水位以下）进行测试，因此其适应性好于平板载荷测试。

5.2.1 试验仪器和方法

试验参照《旁压试验》（SL 237—048—1999）的方法、步骤进行。试验仪器为 PY-3

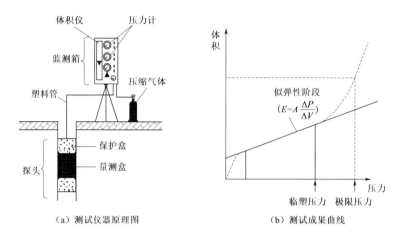

（a）测试仪器原理图　　　　　　　（b）测试成果曲线

图5.7　钻孔旁压测试示意图

型预钻式旁压仪，最大压力为2.5MPa，探头直径50mm，探头测量腔长250mm，加护腔总长500mm。该次试验采用直径50mm的旁压探头，探头最大膨胀量约600cm³。试验时读数间隔为1min、2min、3min，以3min读数为准进行整理。

试验前对旁压仪进行了率定，内容包括：旁压器弹性膜约束力和旁压器综合变形。其目的是校正弹性膜和管路系统所引起的压力损失或体积损失。

旁压试验要求：钻孔时尽量用低速钻进，以减小孔壁扰动；孔壁完整，且不能穿过大块石；试验孔径与旁压探头直径尽量接近。

试验步骤：先用较大口径钻头钻孔至试验土层顶部，再用合适口径钻头进行旁压试验钻孔，进尺1.2～1.5m。如未遇大块石，则下旁压探头进行旁压试验；否则，对已进尺部位进行扩孔至先前进尺位置，再钻旁压试验孔。如此逐次钻进，直到基岩。

5.2.2　试验成果整理及分析

旁压试验的主要成果是根据现场试验绘制的压力P与体积V变化曲线，该曲线是旁压器周围一定范围内土体应力变形的综合反映。根据试验曲线，可得出试验部位覆盖层极限压力、承载力、不排水抗剪强度、侧压力系数、变形模量等力学特性参数。

图5.8～图5.25分别给出了ZK_{28}等8个钻孔旁压试验的$P-V$曲线，共18组。大部分旁压曲线体现了一般旁压试验的基本特征。

5.2.3　极限压力

极限压力P_L理论上是指当$P-V$旁压曲线通过临塑压力后，使曲线趋于铅直的压力，见图5.8～图5.25。

由于加荷压力或中腔体积变形量的限制，实践中很难达到极限压力。因此，工程中一般采用2倍体积法，按式（5.1）计算的体积增量V_L所对应的压力为极限压力。

$$V_L = V_c + 2V_0 \tag{5.1}$$

式中：V_L为对应于P_L时的体积增量，cm³；V_c为旁压器中腔初始体积，cm³；V_0为弹性膜与孔壁紧密接触时的体积增量，cm³，此时土层初始静止侧压力系数K_0状态对应的初始压力为P_0。

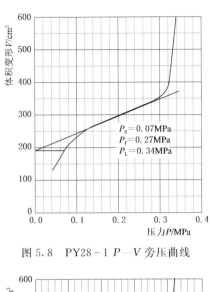

图 5.8 PY28-1 P—V 旁压曲线

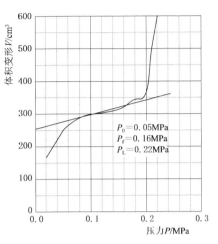

图 5.9 PY28-2 P—V 旁压曲线

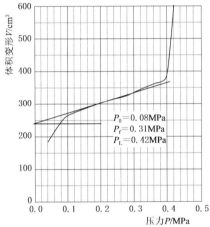

图 5.10 PY28-3 P—V 旁压曲线

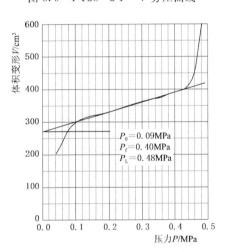

图 5.11 PY34-1 P—V 旁压曲线

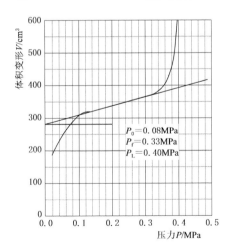

图 5.12 PY34-2 P—V 旁压曲线

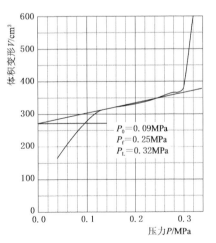

图 5.13 PY35-1 P—V 旁压曲线

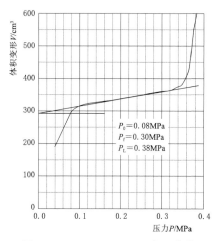

图 5.14　PY35 - 2 P—V 旁压曲线

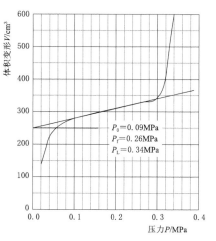

图 5.15　PY37 - 1 P—V 旁压曲线

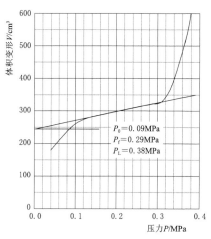

图 5.16　PY37 - 2 P—V 旁压曲线

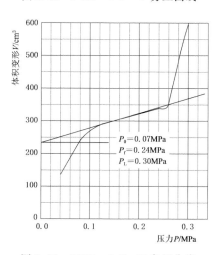

图 5.17　PY38 - 1 P—V 旁压曲线

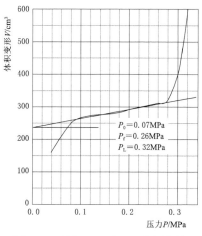

图 5.18　PY38 - 2 P—V 旁压曲线

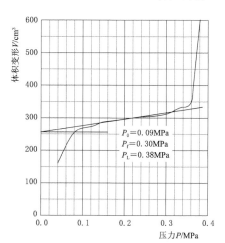

图 5.19　PY38 - 3 P—V 旁压曲线

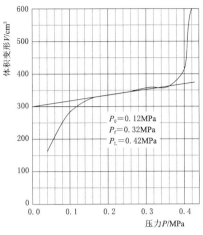

图 5.20 PY38-4 P—V 旁压曲线

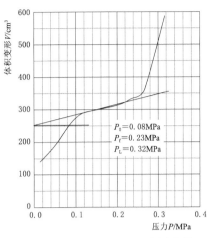

图 5.21 PY39-1 P—V 旁压曲线

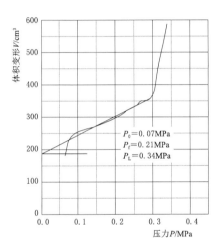

图 5.22 PY39-2 P—V 旁压曲线

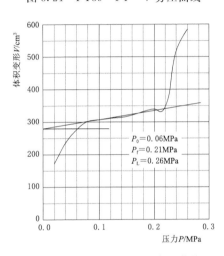

图 5.23 PY57-1 P—V 旁压曲线

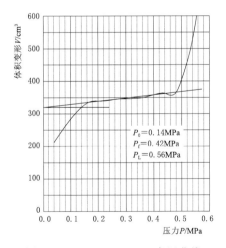

图 5.24 PY57-2 P—V 旁压曲线

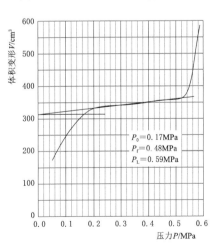

图 5.25 PY57-4 P—V 旁压曲线

试验过程中，由于测管中液体体积的限制，试验往往无法满足体积增量达到 $V_c + 2V_0$ 的要求。此时，根据标准旁压曲线特征和试验曲线的发展趋势，采用曲线板对曲线进行延伸（旁压试验曲线的虚线部分），延伸的曲线与实测曲线应光滑连接，取 V_L 所对应的压力作为极限压力 P_L。

由各测试点的 $P—V$ 曲线求取所对应的极限压力 P_L，结果见表5.2。

5.2.4 承载力

按照式（5.2）计算地基土的承载力基本值：

$$f_0 = P_f - P_0 \tag{5.2}$$

式中：f_0 为承载力，MPa；P_f 为临塑压力，MPa；P_0 为初始压力，MPa。

经计算求得各测试点的承载力基本值，结果见表5.2。

表5.2 旁 压 试 验 计 算 表

试验编号		深度/m	V_c/cm³	V_0/cm³	V_L/cm³	V_m/cm³	P_0/MPa	P_f/MPa	P_L/MPa	f_0/MPa	c_u/MPa	K_0	ΔP/MPa	ΔV/cm³	μ	E_m/MPa
ZK_{28}	PY28-1	17.0	491	190	871	298	0.07	0.27	0.34	0.20	0.20	0.19	0.2	65	0.40	7
	PY28-2	18.5	491	255	1001	315	0.05	0.16	0.22	0.11	0.11	0.13	0.07	35	0.40	5
	PY28-3	19.8	491	240	971	305	0.08	0.31	0.42	0.23	0.23	0.19	0.18	60	0.40	7
ZK_{34}	PY34-1	16.5	491	270	1031	350	0.09	0.40	0.48	0.31	0.31	0.25	0.32	90	0.40	8
	PY34-2	19.0	491	280	1051	340	0.08	0.33	0.40	0.25	0.25	0.20	0.22	60	0.40	9
ZK_{35}	PY35-1	15.5	491	270	1031	335	0.09	0.25	0.32	0.16	0.16	0.27	0.11	30	0.40	8
	PY35-2	17.5	491	290	1071	345	0.08	0.30	0.38	0.22	0.22	0.21	0.22	50	0.40	10
ZK_{37}	PY37-1	12.0	491	255	1001	298	0.09	0.26	0.34	0.17	0.17	0.35	0.16	55	0.40	6
	PY37-2	14.0	491	245	981	300	0.09	0.29	0.38	0.20	0.20	0.30	0.17	50	0.40	8
ZK_{38}	PY38-1	11.0	491	230	951	313	0.07	0.24	0.30	0.17	0.17	0.30	0.12	55	0.40	5
	PY38-2	12.8	491	240	971	295	0.07	0.26	0.32	0.19	0.19	0.25	0.17	50	0.40	7
	PY38-3	26.8	491	265	1021	305	0.09	0.30	0.38	0.21	0.21	0.16	0.15	30	0.40	11
	PY38-4	28.5	491	295	1081	345	0.12	0.32	0.42	0.20	0.20	0.18	0.15	30	0.40	14
ZK_{39}	PY39-1	22.4	491	260	1011	308	0.08	0.23	0.32	0.15	0.15	0.17	0.09	35	0.40	6
	PY39-2	26.0	491	205	901	270	0.07	0.21	0.34	0.14	0.14	0.13	0.13	60	0.40	5
ZK_{57}	PY57-1	18.0	491	280	1051	320	0.06	0.21	0.26	0.15	0.15	0.16	0.13	40	0.40	7
	PY57-2	19.5	491	320	1131	345	0.14	0.42	0.56	0.28	0.33	0.26	0.26	30	0.40	20
	PY57-3	21.5	491	315	1121	350	0.17	0.48	0.59	0.31	0.31	0.37	0.24	20	0.40	28

5.2.5 不排水抗剪强度

按照式（5.3）计算地基土的不排水抗剪强度：

$$c_u = P_f - P_0 \tag{5.3}$$

式中：c_u 为不排水抗剪强度，MPa；P_f 为临塑压力，MPa；P_0 为初始压力，MPa。

经计算求得各测试点的不排水抗剪强度，结果见表 5.2。

5.2.6 侧压力系数

按照式（5.4）计算地基土的侧压力系数：

$$K_0 = \frac{P_0}{\rho g z} \tag{5.4}$$

式中：K_0 为侧压力系数；z 为旁压器中心点至地面的高度，cm；ρ 为土的密度，g/cm^3，试验土的密度按 2.15g/cm^3 估算；g 为重力加速度，m/s^2。

经计算求得各测试点的侧压力系数，结果见表 5.2。

5.2.7 变形模量

理论上，变形模量为土体单向受压时应力与应变的比值，是表示土层软硬和评价地基变形的重要参数。由于土体的散粒性和变形的非线弹塑性，土体变形模量的大小受应力状态和剪应力水平影响较大，且随测试方法不同而变化。对于室内试验，变形模量一般采用侧限压缩试验或三轴压缩试验测定；对于现场试验，可采用载荷试验或旁压试验测定。

通过旁压试验测定的变形模量称为旁压模量 E_m。旁压模量 E_m 是根据旁压试验曲线整理得出的，是表征土层中应力和体积变形（或应变）之间关系的一个重要指标，反映了地基土层水平方向的变形特性。根据旁压试验分析理论，E_m 计算公式如下：

$$E_m = 2(1+\mu)(V_c + V_m)\frac{\Delta P}{\Delta V} \tag{5.5}$$

式中：E_m 为旁压模量，kPa；μ 为土的泊松比，黏土根据其软硬程度取 0.45～0.48，黏土夹砾石土取 0.40；V_c 为旁压器中腔初始体积，cm^3；V_m 为平均体积增量，取旁压试验曲线直线段两点间压力所对应的体积增量的一半，cm^3；$\Delta P / \Delta V$ 为 P—V 曲线上直线段斜率，kPa/cm^3。

经计算求得各测试点旁压模量见表 5.2。平板载荷试验获得的变形模量 E_0，是在一定面积的承压板上对地基土逐级施加荷载，观测地基土承受压力和变形的原位试验。一般情况下，旁压模量 E_m 小于 E_0，这是由于 E_m 综合反映了土层拉伸和压缩的不同性能，而平板载荷试验方法测定的 E_0 只反映土的压缩性质。另外，旁压试验为侧向加荷，E_m 反映的是土层水平方向的力学性质，E_0 反映的是土层垂直方向的力学性质。根据梅纳公式，用土的结构系数 α 将 E_0 和 E_m 联系起来。

$$E_m = \alpha E_0 \tag{5.6}$$

式中：α 为土的结构系数；其余符号意义同前。

式（5.6）中 α 值为 0.25～1.0，它是土的状态和 E_m/P_L 比值的函数，梅纳根据大量对比试验资料，给出表 5.3 所示的经验值。

实际上，α 值的变化较大，应该根据不同国家和地区的不同土质和试验仪器建立相应的经验关系。参考表 5.3 中各试的 E_m/P_L 值，该试验 α 值取 0.33，计算得到的变形模量总体上是偏小和安全的。

表 5.3 常见土的结构系数 α 值

土类	参数	土 的 状 态			变化趋势
		超固结土	正常固结土	扰动土	
淤泥	E_m/P_L	—	—	—	大
	α	—	1	—	↑
黏土	E_m/P_L	>16	9~16	7~9	
	α	1.00	0.67	0.50	
粉砂	E_m/P_L	>14	8~14	—	
	α	0.67	0.50	0.50	
砂	E_m/P_L	12	7~12	—	
	α	0.50	0.33	0.33	小
砾石和砂	E_m/P_L	>10	6~10	—	

变形模量计算结果见表 5.4，结果反映了各土层的软硬状况和承载能力。

表 5.4 变 形 模 量 计 算 结 果 表

取样孔	试验编号	土类	E_m /MPa	P_L /MPa	E_m/P_L	α	E_0 /MPa
ZK₂₈	PY₂₈₋₁	粉砂层	7	0.34	19.99	0.33	21
	PY₂₈₋₂	粉砂层	5	0.22	20.52	0.33	14
	PY₂₈₋₃	粉砂层	7	0.42	15.92	0.33	20
ZK₃₄	PY₃₄₋₁	粉砂层	8	0.48	17.44	0.33	25
	PY₃₄₋₂	粉砂层	9	0.40	21.33	0.33	26
ZK₃₅	PY₃₅₋₁	粉砂层	8	0.32	26.50	0.33	26
	PY₃₅₋₂	粉砂层	10	0.38	27.10	0.33	31
ZK₃₇	PY₃₇₋₁	粉砂层	6	0.34	18.90	0.33	19
	PY₃₇₋₂	粉砂层	8	0.38	19.82	0.33	23
ZK₃₈	PY₃₈₋₁	粉砂层	5	0.30	16.37	0.33	15
	PY₃₈₋₂	粉砂层	7	0.32	23.38	0.33	23
	PY₃₈₋₃	粉砂层	11	0.38	29.33	0.33	34
	PY₃₈₋₄	粉砂层	14	0.42	33.44	0.33	43
ZK₃₉	PY₃₉₋₁	粉砂层	6	0.32	17.98	0.33	17
	PY₃₉₋₂	粉砂层	5	0.34	13.58	0.33	14
ZK₅₇	PY₅₇₋₁	粉砂层	7	0.26	28.39	0.33	22
	PY₅₇₋₂	粉砂层	20	0.56	36.23	0.33	61
	PY₅₇₋₃	粉砂层	28	0.59	47.89	0.33	86

表 5.5 为旁压试验统计结果，反映了试验土层的刚度和强度。除了反映土层自身的状态外，也包含有效上覆压力（埋置深度）对土体性质的影响。对于相同状态的土层，有效

上覆压力越大，旁压模量和极限压力越大。

表 5.5 坝址区粉细砂（第 5 层 $Q_3^{al}-N_2$）旁压试验结果统计表

取样孔	试验编号	土类	E_m/MPa	P_L/MPa	E_m/P_L	α	ES_0/MPa
ZK$_{28}$	PY$_{28-1}$	17.0	0.34	0.20	0.19	7	21
	PY$_{28-2}$	18.5	0.22	0.11	0.13	5	14
	PY$_{28-3}$	19.8	0.42	0.23	0.19	7	20
ZK$_{34}$	PY$_{34-1}$	16.5	0.48	0.31	0.25	8	25
	PY$_{34-2}$	19.0	0.40	0.25	0.20	9	26
ZK$_{35}$	PY$_{35-1}$	15.5	0.32	0.16	0.27	8	26
	PY$_{35-2}$	17.5	0.38	0.22	0.21	10	31
ZK$_{37}$	PY$_{37-1}$	12.0	0.34	0.17	0.35	6	19
	PY$_{37-2}$	14.0	0.38	0.20	0.30	8	23
ZK$_{38}$	PY$_{38-1}$	11.0	0.30	0.17	0.30	5	15
	PY$_{38-2}$	12.8	0.32	0.19	0.25	7	23
	PY$_{38-3}$	26.8	0.38	0.21	0.16	11	34
	PY$_{38-4}$	28.5	0.42	0.20	0.20	14	43
ZK$_{39}$	PY$_{39-1}$	22.4	0.32	0.15	0.17	6	17
	PY$_{39-2}$	26.0	0.34	0.14	0.13	5	14
ZK$_{57}$	PY$_{57-1}$	18.0	0.26	0.15	0.16	7	22
	PY$_{57-2}$	19.5	0.56	0.28	0.33	20	61
	PY$_{57-3}$	21.5	0.59	0.31	0.37	28	86
最小值			0.22	0.11	0.13	5	14
最大值			0.59	0.31	0.37	28	86
平均值			0.38	0.20	0.23	9.5	29

表 5.6 为常见的土体旁压模量和极限压力值的变化范围。可见，本书试验结果总体在经验值范围之内。

表 5.6 常见土旁压模量和极限压力的变化范围

土类	旁压模量 E_m/(100kPa)	极限压力 P_L/(100kPa)	土类	旁压模量 E_m/(100kPa)	极限压力 P_L/(100kPa)
淤泥	2～5	0.7～1.5	粉砂	45～120	5～10
软黏土	5～30	1.5～3.0	砂夹砾石	80～400	12～50
可塑黏土	30～80	3～8	紧密砂	75～400	10～50
硬黏土	80～400	8～25	石灰岩	800～20000	50～150
泥灰岩	50～600	6～40			

5.3　重　型　动　力　触　探

重型动力触探是目前应用广泛、简单实用的一种测试土体力学性质的原位试验方法。重型动力触探在各行业得到普遍认可与应用，并被纳入行业标准。重型动力触探广泛应用于砂卵砾石、碎石土等粗粒土，由于动力触探一般适用于较浅地层，对于深度大于 20m 的地层，由于杆长效应影响大，试验结果与实际误差较大。因此，动力触探一般在埋深较浅的土层中进行。

坝址区深厚覆盖层的 Q_4^{del}、Q_4^{al} - Sgr_2、Q_4^{al} - Sgr_1、Q_3^{al} - Ⅲ岩组为粗粒土，埋深较浅，对其开展了重型动力触探试验。参考《工程地质手册》等相关规范与手册，可确定相应地层的承载力、变形模量、孔隙比等。

开展了 ZK_{09}、ZK_{11}、ZK_{14}、ZK_{16}、ZK_{17}、ZK_{18}、ZK_{24}、ZK_{25} 等钻孔的 $N_{63.5}$ 重型动力触探，结果见表 5.7 ～表 5.11。

表 5.7　　　　　　　　　　第 1 层覆盖层的重型动力触探试验成果表

孔号	值别	实测击数 $N_{63.5}$/击	孔隙比 e	承载力 f_0/kPa	变形模量 E_0/MPa	密实程度
ZK_{16}	最小值	16.0	0.30	600	37.5	密实
	最大值	34.0	0.36	962	61.0	密实
	平均值	22.0	0.33	770	45.0	密实
ZK_{17}	最小值	10.0	0.29	400	26.0	中密
	最大值	18.0	0.35	660	41.0	密实
	平均值	12.0	0.31	478	30.3	密实
ZK_{18}	最小值	6.0	0.29	240	16.0	稍密
	最大值	42.0	0.45	1000	64.0	密实
	平均值	21.0	0.35	688	43.4	密实
总平均值		18.0	0.33	645	39.6	密实

表 5.8　　　　　　　　　　第 2 层覆盖层的重型动力触探试验成果表

孔号	值别	实测击数 $N_{63.5}$/击	孔隙比 e	承载力 f_0/kPa	变形模量 E_0/MPa	密实程度
ZK_{09}	最小值	8.0	0.36	450	21.0	稍密
	最大值	16.0	0.43	760	37.5	密实
	平均值	11.0	0.39	580	28.3	密实
ZK_{14}	最小值	10.0	0.36	540	26.0	中密
	最大值	36.0	0.39	1045	62.4	密实
	平均值	17.0	0.37	770	40.0	密实
ZK_{24}	最小值	10.0	0.36	540	26.0	中密
	最大值	38.0	0.39	1045	63.2	密实
	平均值	20.0	0.38	817	43.7	密实

表 5.9 第 3 层覆盖层的重型动力触探试验成果表

孔号	值别	实测击数 $N_{63.5}$/击	孔隙比 e	承载力 f_0/kPa	变形模量 E_0/MPa	密实程度
ZK$_{18}$	最小值	20.0	0.29	865	44.5	密实
	最大值	30.0	0.36	1045	59.0	密实
	平均值	25.0	0.31	969	53.1	密实

表 5.10 第 7 层覆盖层的重型动力触探试验成果表

孔号	值别	实测击数 $N_{63.5}$/击	孔隙比 e	承载力 f_0/kPa	变形模量 E_0/MPa	密实程度
ZK$_{09}$	最小值	16.0	0.29	760	37.5	密实
	最大值	32.0	0.36	1045	60.0	密实
	平均值	22.0	0.33	910	45.0	密实
ZK$_{11}$	最小值	14.0	0.36	690	34.0	密实
	最大值	24.0	0.38	950	51.0	密实
	平均值	18.0	0.37	818	42.0	密实
ZK$_{24}$	最小值	18.0	0.29	815	41.0	密实
	最大值	42.0	0.36	1045	64.0	密实
	平均值	31.0	0.34	985	51.0	密实
ZK$_{25}$	最小值	16.0	0.29	690	37.5	密实
	最大值	42.0	0.36	1045	64.0	密实
	平均值	30.0	0.31	980	51.0	密实
总平均值		25.0	0.34	923	47.0	密实

表 5.11 重型动力触探试验成果汇总表

岩组	实测击数 $N_{63.5}$/击	孔隙比 e	承载力 f_0/kPa	变形模量 E_0/MPa	密实程度
第 1 层	18.0	0.33	645	39.6	密实
第 2 层	20.0	0.38	817	43.7	密实
第 3 层	25.0	0.31	969	53.1	密实
第 7 层	25.0	0.34	923	47.0	密实

5.4 标 准 贯 入 触 探

标准贯入触探是目前应用广泛、简单实用的一种土体力学性质原位测试方法。该方法已在各个行业得到普遍认可与应用，并被纳入行业标准。标准贯入触探一般应用于砂类土，适用于较浅土层，对于深度大于 20m 土层，由于杆长效应影响，试验结果与实际误差较大。

坝址深厚覆盖层的第 5 层（堰塞湖相粉细砂层 Q_3^{al}-$Ⅳ_2$）、第 6 层（冲积中细～中粗砂层 Q_3^{al}-$Ⅳ_1$）、第 8 层（冲积中细砂层 Q_3^{al}-$Ⅱ$）为细粒土，此外细粒土还包括一些砂层透镜体，在以上覆盖层部位进行了标准贯入试验。根据试验结果，参考《工程地质手册（第4版）》、《建筑地基基础设计规范》（GB 5007—2011）等，确定对应地层的承载力标准值、变形模量、c 和 φ 值及密实度等细粒土物理力学参数。坝址区覆盖层标准贯入试验结果见表 5.12～表 5.16。

表 5.12　　　　　　　　第 5 层（Q_3^{al}-IV_2）标准贯入试验结果

孔号	值别	实测击数/击	承载力标准值 f_k/kPa	变形模量 E_s/kPa	c/kPa	φ/(°)	密实度
ZK₄₃	最小值	6.0	140	10.9	4.0	30.0	稍密
	最大值	11.0	181	12.2	6.0	36.0	稍密
	平均值	9.0	152	11.7	4.8	33.0	松散
ZK₄₆	最小值	5.0	124	10.6	3.0	22.0	松散
	最大值	10.5	144	12.0	3.5	30.0	稍密
	平均值	7.8	136	11.4	3.2	27.0	松散
总平均值		8.4	144	11.6	4.0	26.0	松散

表 5.13　　　　　　　　第 6 层（Q_3^{al}-IV_1）标准贯入试验结果

值别	实测击数/击	承载力标准值 f_k/kPa	变形模量 E_s/kPa	c/kPa	φ/(°)	密实度
最小值	9.0	256	20.0	4.0	30.0	稍密
最大值	38.0	420	84.0	7.8	36.0	密实
平均值	16.0	310	34.7	5.2	32.0	中密

表 5.14　　　　　　　　第 8 层（Q_3^{al}-II）标准贯入试验结果

孔号	值别	实测击数/击	承载力标准值 f_k/kPa	变形模量 E_s/kPa	c/kPa	φ/(°)	密实度
ZK₄₃	最小值	4.0	121	10.4	3.0	20.0	松散
	最大值	6.5	131	11.0	4.5	24.0	稍密
	平均值	5.7	128	10.8	3.8	22.7	松散
ZK₄₆	最小值	5.0	124	10.6	3.0	22.0	松散
	最大值	10.5	144	12.0	3.5	30.0	稍密
	平均值	7.8	136	11.4	3.2	27.0	松散
总平均值		6.8	132	11.1	4.0	24.8	松散

表 5.15　　　　　　　第 1 层（Q_4^{del}）的砂层透镜体的标准贯入试验结果

值别	实测击数/击	承载力标准值 f_k/kPa	变形模量 E_s/kPa	c/kPa	φ/(°)	密实度
最小值	10.0	231	26.0	4.1	30.0	松散
最大值	33.0	422	39.0	7.2	35.0	密实
平均值	18.0	305	30.0	5.1	32.0	中密

表 5.16　　　　　　　　　　　　标准贯入试验结果汇总表

岩组	实测击数 /击	承载力标准值 f_k/kPa	变形模量 E_s/kPa	c /kPa	φ /(°)	密实度
第 5 层	8.4	144	11.6	4.0	26.0	松散
第 6 层	16.0	310	34.7	5.2	32.0	中密
第 8 层	6.8	132	11.1	4.0	24.8	松散
第 1 层的 砂层透镜体	18.0	305	30.0	5.1	32.0	中密

5.5　混凝土/覆盖层抗剪强度试验

混凝土/覆盖层抗剪强度是混凝土在外力作用下，一部分混凝土沿另一部分覆盖层滑移时所具有的抵抗剪切变形的能力，抗剪参数对工程设计与分析十分重要。此类试验进行了 6 组，布置于坝址河心滩及左岸漫滩。

5.5.1　试点布置及推力方向

根据设计需要，为确保试件完整性和试验数据可靠性，地质和试验人员共同选取有代表性的试验地段。为反映土体受力后的应力状态，尽量使同一组试件（每组五块试件）位于同一高程上，并接近水工建筑物地基的工作条件。

根据现场情况，综合考虑覆盖层浸水情况、交通运输条件、地层颗粒组成等条件，最终确定在坝轴线及其附近的河心滩、左岸漫滩各布置 3 组混凝土/覆盖层抗剪试验，试验的推力方向均为顺河向。

5.5.2　试件加工及试件尺寸

现场直剪试验按规范要求进行试件加工。首先将覆盖层表层清除 50cm 以上，然后在新鲜未扰动的覆盖层表面手工清出 70cm×70cm 的覆盖层面，要求基本平整且未扰动，在其上浇筑尺寸为 50cm×50cm×35cm 的混凝土试件。试验完成后，对试件下伏地层进行天然密度、天然含水量及室内物理力学试验。

5.5.3　混凝土配合比与强度

混凝土粗细骨料级配及含量对抗剪（断）强度有一定影响。试验所选砂砾石骨料均采用坝址河漫滩砂砾石，水泥采用拉萨水泥厂的 P·O42.5 普通硅酸盐水泥。混凝土设计强度为 C_{20}，水灰比 0.5。混凝土与粗、细骨料的含量、水灰配合比见表 5.17。

表 5.17　　　　　　　　　　混凝土与骨料配合比表

用 料 名 称	水泥	水	砂	砾石粒径/mm		
				80～40	40～20	20～5
每立方米重量/kg	194	97	546	654	491	491
配合比	1	0.5	2.81	3.37	2.53	2.53

5.5.4　应力设计与试验方法

按设计和地质要求，最大垂直试验应力结合地锚实际受力条件，并考虑安全因素，混凝土/覆盖层最大试验应力取 0.26MPa。采用千斤顶平推法直剪试验，即：在垂直荷载增加到预定值后施加剪切荷载，剪切过程中垂直荷载始终保持常数。水平荷载的施加方法以时间控制，每 5min 加荷一次，每级荷载施加前后各测量变形一次，直至破坏。由于试验时混凝土和覆盖层胶结面结构较为松散，原有结构的抗剪能力基本不存在，在施加剪应力后混凝土试件开始与覆盖层产生相对滑移，抗剪作用主要由摩擦抗滑能力提供。因此，混凝土/覆盖层抗剪试验进行了两者接触面上的摩擦试验，未开展抗剪断试验。

5.5.5　抗剪强度试验成果分析

混凝土/砂砾石抗剪试验共 6 组，其中坝址河心滩 3 组、左岸漫滩 3 组，均布置于砂卵砾石覆盖层上。试验成果见表 5.18 和表 5.19，试验曲线见图 5.26～图 5.43。

表 5.18　　　　　　　　混凝土/覆盖层抗剪试验正应力与剪应力关系表

试验编号	试件编号	正应力 σ /MPa	剪应力/MPa		
			直线段	屈服值	峰值
ZJ$_1$	ZJ$_{1-1}$	0.07	0.11	0.16	0.20
	ZJ$_{1-2}$	0.13	0.08	0.13	0.15
	ZJ$_{1-3}$	0.20	0.13	0.18	0.21
	ZJ$_{1-4}$	0.26	0.15	0.20	0.24
ZJ$_2$	ZJ$_{2-1}$	0.07	0.13	0.18	0.20
	ZJ$_{2-2}$	0.13	0.16	0.21	0.24
	ZJ$_{2-3}$	0.20	0.18	0.24	0.26
	ZJ$_{2-4}$	0.26	0.20	0.29	0.37
	ZJ$_{2-5}$	0.33	0.26	0.40	0.46
ZJ$_3$	ZJ$_{3-1}$	0.07	0.11	0.15	0.17
	ZJ$_{3-2}$	0.13	0.12	0.16	0.20
	ZJ$_{3-3}$	0.20	0.15	0.20	0.22
	ZJ$_{3-4}$	0.26	0.16	0.21	0.26
ZJ$_4$	ZJ$_{4-1}$	0.07	0.07	0.09	0.11
	ZJ$_{4-2}$	0.13	0.08	0.11	0.13
	ZJ$_{4-3}$	0.20	0.13	0.18	0.24
	ZJ$_{4-4}$	0.26	0.16	0.21	0.26
ZJ$_5$	ZJ$_{5-1}$	0.07	0.08	0.18	0.20
	ZJ$_{5-2}$	0.13	0.11	0.21	0.24
	ZJ$_{5-3}$	0.20	0.16	0.24	0.29
	ZJ$_{5-4}$	0.26	0.18	0.26	0.34
ZJ$_6$	ZJ$_{6-1}$	0.07	0.11	0.16	0.18
	ZJ$_{6-2}$	0.13	0.13	0.18	0.24
	ZJ$_{6-3}$	0.20	0.18	0.24	0.29
	ZJ$_{6-4}$	0.26	0.21	0.29	0.32

表 5.19   混凝土/覆盖层抗剪强度试验成果汇总表

试验编号	岩 性	试验位置	抗剪强度指标		
			项目	强度指标	
				$\tan\varphi'$	c'/MPa
ZJ_1	砂卵砾石	左岸漫滩	峰值	0.28	0.16
			直线段	0.19	0.09
			屈服值	0.26	0.13
ZJ_2	砂卵砾石	左岸漫滩	峰值	0.84	0.15
			直线段	0.45	0.10
			屈服值	0.75	0.12
ZJ_3	砂卵砾石	左岸漫滩	峰值	0.50	0.13
			直线段	0.28	0.09
			屈服值	0.42	0.11
ZJ_4	砂卵砾石	河心滩	峰值	0.53	0.11
			直线段	0.34	0.06
			屈服值	0.46	0.08
ZJ_5	砂卵砾石	河心滩	峰值	0.62	0.17
			直线段	0.36	0.08
			屈服值	0.42	0.16
ZJ_6	砂卵砾石	河心滩	峰值	0.72	0.14
			直线段	0.54	0.07
			屈服值	0.69	0.11

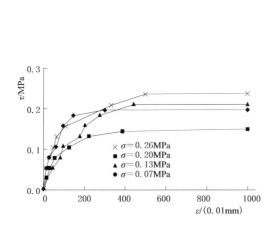

图 5.26 覆盖层抗剪试验 ZJ_1 的 τ—ε 曲线

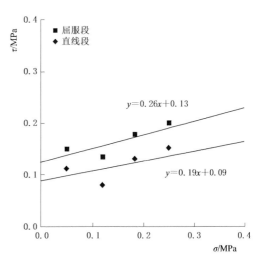

图 5.27 抗剪试验 ZJ_1 的 τ—σ 曲线

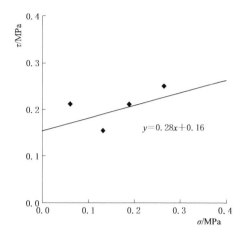

图 5.28 抗剪试验 ZJ₁ 的 τ—σ 曲线（峰值）

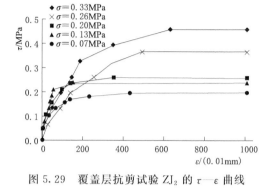

图 5.29 覆盖层抗剪试验 ZJ₂ 的 τ—ε 曲线

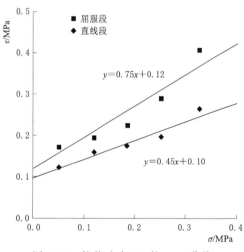

图 5.30 抗剪试验 ZJ₂ 的 τ—σ 曲线

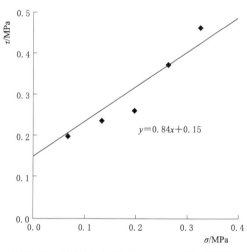

图 5.31 抗剪试验 ZJ₂ 的 τ—σ 曲线（峰值）

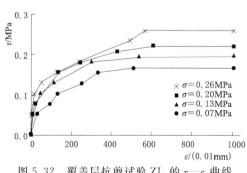

图 5.32 覆盖层抗剪试验 ZJ₃ 的 τ—ε 曲线

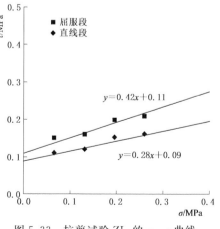

图 5.33 抗剪试验 ZJ₃ 的 τ—σ 曲线

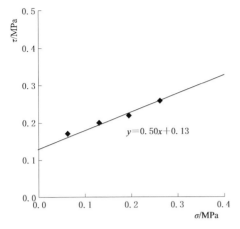

图 5.34 抗剪试验 ZJ_3 的 τ—σ 曲线（峰值）

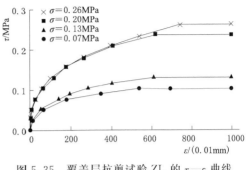

图 5.35 覆盖层抗剪试验 ZJ_4 的 τ—ε 曲线

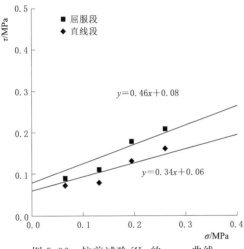

图 5.36 抗剪试验 ZJ_4 的 τ—σ 曲线

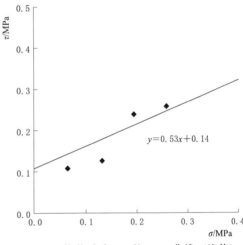

图 5.37 抗剪试验 ZJ_4 的 τ—σ 曲线（峰值）

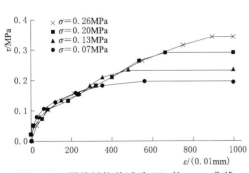

图 5.38 覆盖层抗剪试验 ZJ_5 的 τ—ε 曲线

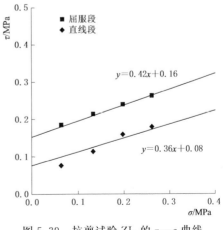

图 5.39 抗剪试验 ZJ_5 的 τ—σ 曲线

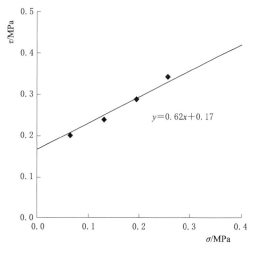

图 5.40 抗剪试验 ZJ₅ 的 τ—σ 曲线（峰值）

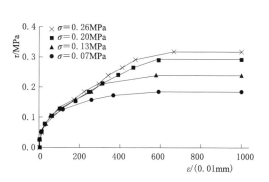

图 5.41 覆盖层抗剪试验 ZJ₆ 的 τ—ε 曲线

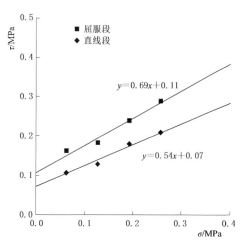

图 5.42 抗剪试验 ZJ₆ 的 τ—σ 曲线

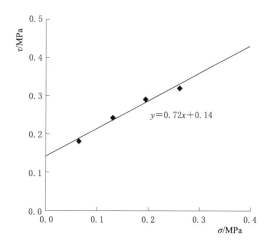

图 5.43 抗剪试验 ZJ₆ 的 τ—σ 曲线（峰值）

　　根据现场试验原始记录，分别计算各级荷载下剪切面上的正应力、剪应力和变形量，绘制不同正应力条件下的剪应力、剪应变 τ—ε 关系曲线。根据 τ—ε 关系曲线，确定峰值强度及各剪切阶段特征值。用图解法绘制各剪切阶段正应力、剪应力 τ—σ 关系曲线，按库伦公式计算出相应的 φ 值和 c 值。

　　据 τ—ε 关系曲线特征，破坏类型属塑性破坏。根据各点剪切面砂砾石级配颗粒组成和胶结状况，在剪应力初期，试体与底部砂砾石层面具有一定的咬合能力。随剪应力增加，底部砂砾石受挤压导致原有结构发生相对错动，并缓慢进入屈服阶段并逐渐出现裂缝，剪切位移随剪应力的增加而增大，直至破坏。另外，大多数情况下试验点的强度值较高。

　　另外，根据剪断面情况，多数试件底部砂砾石与上部混凝土体黏结厚度达到 3～

10cm，即部分试件并非沿其接触面剪切破坏，而沿砂砾石本身剪断。大颗粒间产生的错动很大程度上增大了摩擦力，因此 φ 值偏高。曲线的屈服值并不明显，而剪应力值偏低，见表 5.20。

表 5.20 　　　　　　　　　　　　混凝土/覆盖层抗剪试验成果分析表

序　号	抗　剪　强　度					
	直　线　段		屈　服　值		峰　值	
	$\tan\varphi'$	c/MPa	$\tan\varphi'$	c/MPa	$\tan\varphi'$	c/MPa
ZJ_1	0.19	0.09	0.26	0.13	0.28	0.16
ZJ_2	0.45	0.10	0.75	0.12	0.84	0.15
ZJ_3	0.28	0.09	0.42	0.11	0.50	0.13
ZJ_4	0.34	0.06	0.46	0.08	0.53	0.11
ZJ_5	0.36	0.08	0.42	0.16	0.62	0.17
ZJ_6	0.54	0.07	0.69	0.11	0.72	0.14
最大值	0.54	0.10	0.75	0.16	0.84	0.17
最小值	0.19	0.06	0.26	0.08	0.28	0.11
平均值	0.36	0.08	0.50	0.12	0.58	0.14

据 τ—σ 关系曲线和抗剪试验成果，各点离散度较大。其中，直线段黏聚力 0.06～0.10MPa，平均值 0.08MPa，摩擦系数 0.19～0.54，平均值 0.36；屈服值黏聚力 0.08～0.16MPa，平均值 0.12MPa，摩擦系数 0.26～0.75，平均值 0.50；峰值黏聚力 0.11～0.17MPa，平均值 0.14MPa，摩擦系数 0.28～0.84，平均值 0.58。与同类工程相比，其强度指标基本接近。

第6章 超深覆盖层水文地质参数测试

超深覆盖层物理力学性质和水文地质特性是其工程地质特征的基本与核心。第4、第5章在深厚覆盖层勘察方法、成因机制和岩组划分研究的基础上，分别通过开展室内试验和原位试验，研究了深厚覆盖层的物理力学特性，获得了深厚覆盖层的物理力学参数。本章主要阐述超深覆盖层水文地质特性的现场试验和参数获取方法。

6.1 抽水与注水试验

根据坝址区 ZK_{07}、ZK_{14}、ZK_{20} 钻孔的抽水试验结果，现代河床表部含漂石砂卵砾石层（$Q_4^{al} - Sgr_2$）为强透水层，渗透系数 k 值为 $3.6 \times 10^{-3} \sim 5.71 \times 10^{-2}$ cm/s，平均值 2.33×10^{-2} cm/s。

根据坝址区 ZK_{13}、ZK_{18}、ZK_{10}、ZK_{16}、ZK_{11}、ZK_{17} 钻孔的注水试验成果，注水试验砂卵砾石（$Q_4^{al} - Sgr_1$）的渗透系数 k 为 $2.2 \times 10^{-4} \sim 1.86 \times 10^{-2}$ cm/s，平均值 5.8×10^{-3} cm/s；含砾中粗砂（$Q_3^{al} - Ⅳ$）渗透系数 k 为 $1.43 \times 10^{-4} \sim 1.87 \times 10^{-3}$ cm/s，平均值 5.48×10^{-4} cm/s；河床浅部砂卵砾石层（$Q_3^{al} - Ⅲ$）渗透系数 k 为 $1.78 \times 10^{-4} \sim 4.17 \times 10^{-3}$ cm/s，平均值 8.49×10^{-4} cm/s。块碎（卵）石土（Q_4^{del}）的渗透系数 k 为 $1.51 \times 10^{-4} \sim 7.56 \times 10^{-3}$ cm/s，平均值 2.33×10^{-3} cm/s。钻探采用植物胶取芯，注水试验前进行清水循环洗孔，受残留循环液的影响，注水试验成果均偏小。

钻孔抽水和注水试验所得覆盖层各层的渗透系数统计分析结果见表6.1。表中，渗透系数 k 为平均值。

表 6.1　　　　钻孔抽水和注水试验所得覆盖层各层的渗透系数统计分析结果　　　单位：cm/s

试验方法	第1层	第2层	第3层	第5层	第6层	第8、第9层
抽水试验		2.33×10^{-2}				
注水试验	2.33×10^{-3}		5.8×10^{-3}	5.48×10^{-4}	8.49×10^{-3}	4.29×10^{-4}

各岩组钻孔注水试验成果见表6.2～表6.6。

表 6.2　　　　　　　　　　　$Q_4^{al} - Sgr_1$ 注水试验成果

孔　　号	深度/m	段长/m	渗透系数 k/(cm/s)
ZK_{18}	$26.75 \sim 28.40$	1.65	3.16×10^{-4}
	$20.36 \sim 21.37$	1.01	1.80×10^{-3}
ZK_{10}	$6.10 \sim 6.95$	0.85	2.36×10^{-3}
	$6.92 \sim 7.65$	0.73	2.13×10^{-3}

孔　号	深度/m	段长/m	渗透系数 k/(cm/s)
ZK₁₀	10.00~10.65	0.65	1.86×10^{-2}
	12.11~12.95	0.84	1.51×10^{-2}
最大值			1.86×10^{-2}
最小值			3.16×10^{-4}
平均值			5.80×10^{-3}

表 6.3 　　　　　　　　　 Q_4^{del} 注水试验成果

孔　号	深度/m	段长/m	渗透系数 k/(cm/s)
ZK₁₀	3.86~4.70	0.84	7.56×10^{-3}
ZK₁₇	9.18~10.53	1.35	9.10×10^{-4}
ZK₁₈	9.92~10.80	0.88	1.51×10^{-4}
	14.67~15.82	1.15	7.09×10^{-4}
最大值			7.56×10^{-3}
最小值			1.51×10^{-4}
平均值			2.33×10^{-3}

表 6.4 　　　　　　　　　 Q_3^{al}-Ⅲ注水试验成果

孔　号	深度/m	段长/m	渗透系数 k/(cm/s)
ZK₁₆	55.69~56.97	1.28	2.72×10^{-4}
	61.26~62.29	1.03	2.24×10^{-4}
	66.21~67.35	1.14	2.15×10^{-4}
	71.34~72.40	1.06	2.95×10^{-4}
	76.36~77.56	1.20	1.78×10^{-4}
	81.56~82.76	1.20	1.92×10^{-4}
ZK₁₁	21.38~22.38	1.00	4.17×10^{-3}
ZK₁₇	46.14~47.64	1.50	1.26×10^{-3}
	51.69~52.94	1.25	2.65×10^{-4}
	55.47~56.89	1.42	2.99×10^{-3}
	60.47~61.89	1.42	4.79×10^{-4}
	65.84~67.34	1.50	3.15×10^{-4}
	71.45~72.54	1.09	1.83×10^{-4}
最大值			4.17×10^{-3}
最小值			1.78×10^{-4}
平均值			8.49×10^{-4}

表 6.5　　　　　　　　　Q_3^{al} - I 、Q_2^{fgl} - V 注水试验成果

孔　　　号	深度/m	段长/m	渗透系数 $k/(cm/s)$
ZK$_{17}$	75.69～77.49	1.80	2.79×10^{-4}
	81.00～82.20	1.20	5.45×10^{-5}
	86.03～87.31	1.28	1.20×10^{-3}
	91.04～92.36	1.32	7.11×10^{-5}
	96.23～97.64	1.41	4.18×10^{-5}
ZK$_{16}$	86.66～87.83	1.17	1.53×10^{-4}
	91.84～93.00	1.16	1.74×10^{-4}
	96.78～98.08	1.30	1.61×10^{-4}
ZK$_{18}$	59.96～61.27	1.31	7.98×10^{-4}
	65.32～66.37	1.05	6.51×10^{-4}
	70.55～71.67	1.12	6.53×10^{-4}
	75.79～76.94	1.15	4.79×10^{-4}
	80.39～81.79	1.40	4.74×10^{-4}
	88.44～89.87	1.43	7.77×10^{-4}
	90.44～92.07	1.63	4.62×10^{-4}
	96.01～97.49	1.48	1.37×10^{-3}
最大值			1.37×10^{-3}
最小值			4.18×10^{-5}
平均值			4.29×10^{-4}

表 6.6　　　　　　　　　Q_3^{al} - IV 注水试验成果

孔　　　号	深度/m	段长/m	渗透系数 $k/(cm/s)$
ZK$_{13}$	32.32～33.30	0.98	2.37×10^{-4}
	37.60～39.20	1.60	3.07×10^{-4}
	43.40～44.95	1.55	3.71×10^{-4}
	47.80～49.40	1.60	6.61×10^{-4}
	53.63～55.73	2.10	2.15×10^{-4}
ZK$_{16}$	30.09～31.41	1.32	5.08×10^{-4}
	35.51～36.67	1.16	3.97×10^{-4}
	40.76～41.81	1.05	5.03×10^{-4}
	45.88～46.89	1.01	4.97×10^{-4}
	50.86～51.92	1.06	3.32×10^{-4}
ZK$_{17}$	14.33～16.00	1.67	6.95×10^{-4}
	20.25～21.40	1.15	4.26×10^{-4}
	26.01～27.45	1.44	1.72×10^{-4}
	30.48～31.67	1.19	1.96×10^{-4}
	35.20～36.77	1.57	1.43×10^{-4}
	40.99～42.12	1.13	2.95×10^{-4}

续表

孔　　号	深度/m	段长/m	渗透系数 $k/(cm/s)$
ZK$_{18}$	25.06～26.52	1.46	1.01×10^{-3}
	30.14～31.49	1.35	1.87×10^{-3}
	35.46～36.56	1.10	1.33×10^{-3}
	40.96～41.86	0.90	2.36×10^{-4}
	45.45～46.66	1.21	2.67×10^{-4}
	51.01～52.10	1.09	2.93×10^{-4}
	55.62～57.05	1.43	1.64×10^{-3}
最大值			1.87×10^{-3}
最小值			1.43×10^{-4}
平均值			5.48×10^{-4}

6.2　渗透系数同位素测试

6.2.1　同位素测试原理

针对超深覆盖层厚度大、结构复杂、分布变化大、成因复杂等特点，应用同位素法对深厚覆盖层的渗透系数进行了测试。共计完成了河床、左岸台地等部位4个钻孔不同深度地层渗透系数的同位素法现场测试工作。

放射性同位素测井技术测定含水层水文地质参数的方法不受井液温度、压力、矿化度影响，测试灵敏度较高、方便快捷、准确可靠，可测孔径为$50\sim500mm$，孔深超过$500m$。

根据该工程测试目的和要求，使用"FDC-25OA型地下水参数测试仪"进行了覆盖层渗透系数的同位素测试，该仪器结构见图6.1。

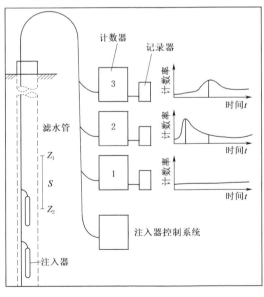

图 6.1　放射性同位素地下水参数测试仪器结构示意图

采用放射性同位素测井技术中的"同位素单孔稀释法"测试覆盖层渗透系数。该方法的基本原理是对井孔滤水管中的地下水用少量示踪剂[131]I标记，标记后的水柱示踪剂浓度不断被通过滤水管的含水层渗透水流稀释而降低，其稀释的速率与地下水渗透速度有关。据此可求得地下水渗流流速，再按达西定律获得含水层渗透系数。计算方法有公式法、斜率法两种。

测试时首先根据含水层埋深确定井孔结构，正确下置过滤器位置、选取施测段。然后，用投源器将人工同位素放射性[131]I投入测试段，适当搅拌使其均匀，用测试探头对标记段水柱进行放射性同位素浓度值测量。人工放射性同位素[131]I为医药口服液，放射强度小、衰变周期短，因此测试不会对环境产生危害。

坝址深厚覆盖层结构复杂，并呈多层分布，为保证放射源能在每一个测段内均匀搅拌，段长一般取2～3m，每个测段设置观测点1个，每测点观测5次。绘制稀释浓度与时间的关系曲线，若稀释浓度与时间的关系曲线呈良好的线性关系，说明测试试验成功，可结束该点测试。

6.2.2 ZK$_{32}$渗透系数测试分析

对ZK$_{32}$钻孔138m厚覆盖层进行渗透系数同位素法测试，根据物质变化特征，将覆盖层分为11层进行测试。

6.2.2.1 0.00～6.20m段渗透系数测试成果

ZK$_{32}$孔0.00～6.20m段卵砾石层，在孔深5.0m处进行了渗透系数同位素测试，试验t—$\ln N$拟合曲线如图6.2所示。结果显示，t—$\ln N$曲线具有良好线性关系，说明测试成功且结果可靠，可用于分析计算该段覆盖层渗透系数。

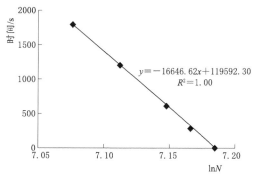

图 6.2　ZK$_{32}$孔深5.00m处t—$\ln N$拟合曲线

ZK$_{32}$孔深0.00～6.20m段覆盖层渗透系数测试成果见表6.7。由表6.7可知，渗透系数为4.665×10^{-2}～4.773×10^{-2} cm/s，两种方法测试成果接近。

表 6.7　　　　　　　ZK$_{32}$孔深0～6.20m段覆盖层渗透系数测试成果表

测点位置	公式法 $K_d/(10^{-2}\text{cm/s})$	公式法平均 $K_d/(10^{-2}\text{cm/s})$	拟合曲线斜率 m	斜率法 $K_d/(10^{-2}\text{cm/s})$
5.00m	4.665	4.721	−16646.620	4.773
	4.707			
	4.740			
	4.773			

6.2.2.2　6.20～11.58m 段渗透系数测试成果

ZK$_{32}$ 孔深 6.20～11.58m 为含砾中细砂层，在孔深 9.00m 处完成测试。$t—\ln N$ 半对数曲线如图 6.3 所示，曲线具很好的线性关系。

ZK$_{32}$ 孔深 6.20～11.58m 覆盖层渗透系数测试成果见表 6.8。由表 6.8 可知，渗透系数为 $3.528 \times 10^{-4} \sim 4.064 \times 10^{-4}$ cm/s，两种方法成果基本吻合。

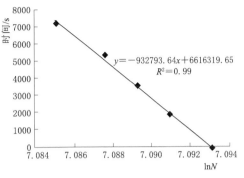

图 6.3　ZK$_{32}$ 孔深 9.00m 处 $t—\ln N$ 拟合曲线

表 6.8　　　　　　ZK$_{32}$ 孔深 6.20～11.58m 段覆盖层渗透系数测试成果表

测点位置	公式法 $K_d/(10^{-4}$cm/s)	公式法平均 $K_d/(10^{-4}$cm/s)	拟合曲线斜率 m	斜率法 $K_d/(10^{-4}$cm/s)
9.00m	4.064	3.781	−932793.640	3.769
	3.661			
	3.528			
	3.872			

6.2.2.3　11.58～16.08m 段渗透系数测试成果

ZK$_{32}$ 孔深 11.58～16.08m 为含砾粉细砂层，该层渗透系数小于 10^{-5}cm/s，同位素法无法测得该段的渗透系数。

6.2.2.4　16.08～27.60m 段渗透系数测试成果

ZK$_{32}$ 孔深 16.08～27.60m 为卵砾石层，该段完成了 2 个试验测试点。孔深 19.00m 和 24.00m 处 $t—\ln N$ 半对数曲线如图 6.4 和图 6.5 所示，$t—\ln N$ 曲线具良好的线性关系。

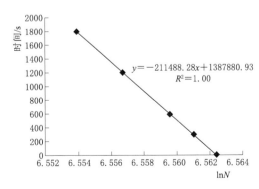 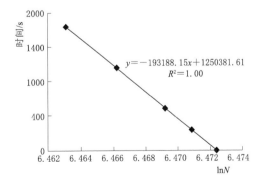

图 6.4　ZK$_{32}$ 孔深 19.00m 处 $t—\ln N$ 拟合曲线　　　图 6.5　ZK$_{32}$ 孔深 24.00m 处 $t—\ln N$ 拟合曲线

ZK$_{32}$ 孔深 16.08～27.60m 覆盖层渗透系数测试成果见表 6.9。渗透系数为 $3.746 \times 10^{-3} \sim 4.115 \times 10^{-3}$ cm/s，两种方法成果接近。

表 6.9　　　　　ZK$_{32}$ 孔深 16.08～27.60m 段覆盖层渗透系数测试成果表

测点位置	公式法 $K_d/(10^{-3}\text{cm/s})$	公式法平均 $K_d/(10^{-3}\text{cm/s})$	拟合曲线斜率 m	斜率法 $K_d/(10^{-3}\text{cm/s})$
19.00m	3.746	3.752	−211488.280	3.757
	3.748			
	3.754			
	3.759			
24.00m	4.099	4.106	−193188.150	4.113
	4.102			
	4.109			
	4.115			

6.2.2.5　27.60～37.27m 段渗透系数测试成果

　　ZK$_{32}$ 孔深 27.60～37.27m 为中细砂层，在孔深 33.00m 处完成了 1 个测点，t—ln$N$ 拟合曲线如图 6.6 所示，线性关系良好。

　　ZK$_{32}$ 孔深 27.60～37.27m 覆盖层渗透系数测试成果见表 6.10。渗透系数为 2.013×10^{-5}～2.015×10^{-5} cm/s，两种方法成果十分接近。

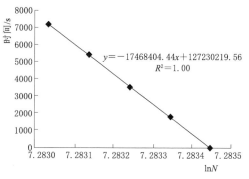

图 6.6　ZK$_{32}$ 孔深 33.00m 处 t—ln$N$ 曲线

表 6.10　　　　　ZK$_{32}$ 孔深 27.60～37.27m 段覆盖层渗透系数测试成果表

测点位置	公式法 $K_d/(10^{-5}\text{cm/s})$	公式法平均 $K_d/(10^{-5}\text{cm/s})$	拟合曲线斜率 m	斜率法 $K_7/(10^{-5}\text{cm/s})$
33.00m	2.013	2.014	−17468404.440	2.013
	2.014			
	2.015			
	2.014			

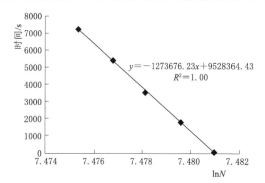

图 6.7　ZK$_{32}$ 孔深 39.00m 处 t—ln$N$ 拟合曲线

6.2.2.6　37.27～41.20m 段渗透系数测试成果

　　ZK$_{32}$ 孔深 37.27～41.20m 为含砾中细砂层，完成了 39m 处 1 个测点测试。K$_{32}$ 孔深 39.00m 处 t—ln$N$ 拟合曲线如图 6.7 所示，线性关系良好。

　　ZK$_{32}$ 孔深 37.27～41.20m 段渗透系数测试成果见表 6.11，含砾中细砂层渗透系数为 2.756×10^{-4}～2.762×10^{-4} cm/s，两

种方法成果接近。

表 6.11　　　　　　　ZK$_{32}$ 孔深 37.27～41.20m 段覆盖层渗透系数测试成果表

测点位置	公式法 $K_d/(10^{-4}\,cm/s)$	公式法平均 $K_d/(10^{-4}\,cm/s)$	拟合曲线斜率 m	斜率法 $K_d/(10^{-4}\,cm/s)$
39.00m	2.756	2.759	−1273676.230	2.761
	2.758			
	2.760			
	2.762			

6.2.2.7　41.20～69.70m 段覆盖层渗透系数测试成果

ZK$_{32}$ 孔深 41.20～69.70m 为砂卵砾石层，共完成 4 个测试点，$t-\ln N$ 拟合曲线如图 6.8～图 6.11 所示，线性关系良好。

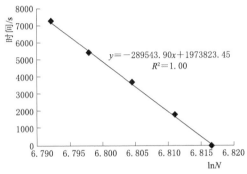

图 6.8　ZK$_{32}$ 孔深 45.00m 处 $t-\ln N$ 拟合曲线

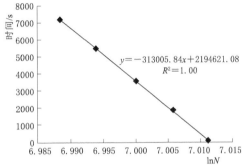

图 6.9　ZK$_{32}$ 孔深 55.00m 处 $t-\ln N$ 拟合曲线

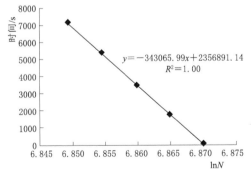

图 6.10　ZK$_{32}$ 孔深 60.00m 处 $t-\ln N$ 拟合曲线

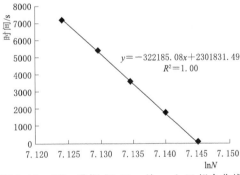

图 6.11　ZK$_{32}$ 孔深 65.00m 处 $t-\ln N$ 拟合曲线

ZK$_{32}$ 孔深 41.20～69.70m 段的砂卵砾石层的渗透系数测试成果见表 6.12，渗透系数为 2.299×10^{-3}～2.767×10^{-3} cm/s，两种方法测试成果接近。

表 6.12　　　　　　　ZK$_{32}$ 孔深 41.20～69.70m 段覆盖层渗透系数测试成果表

测点位置	公式法 $K_d/(10^{-3}\,cm/s)$	公式法平均 $K_d/(10^{-3}\,cm/s)$	拟合曲线斜率 m	斜率法 $K_d/(10^{-3}\,cm/s)$
45.00m	2.425	2.641	−289543.900	2.744
	2.677			

测点位置	公式法 $K_d/(10^{-3}\,cm/s)$	公式法平均 $K_d/(10^{-3}\,cm/s)$	拟合曲线斜率 m	斜率法 $K_d/(10^{-3}\,cm/s)$
45.00m	2.767	2.641	−289543.900	2.744
	2.693			
55.00m	2.396	2.465	−313005.840	2.539
	2.403			
	2.544			
	2.518			
60.00m	2.299	2.308	−343065.990	2.316
	2.305			
	2.311			
	2.317			
65.00m	2.447	2.457	−322185.080	2.466
	2.454			
	2.461			
	2.468			

6.2.2.8　69.70～111.50m 段渗透系数测试成果

ZK$_{32}$ 孔深 69.70～111.50m 为砂卵砾石层，共完成 4 个测试点。t—$\ln N$ 拟合曲线如图 6.12～图 6.15 所示，线性关系良好。

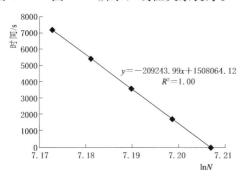
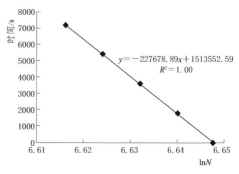

图 6.12　ZK$_{32}$ 孔深 75.00m 处 t—$\ln N$ 拟合曲线　　图 6.13　ZK$_{32}$ 孔深 85.00m 处 t—$\ln N$ 拟合曲线

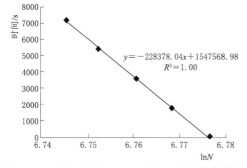
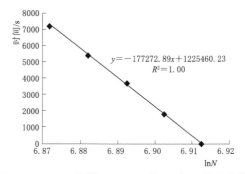

图 6.14　ZK$_{32}$ 孔深 95.00m 处 t—$\ln N$ 拟合曲线　　图 6.15　ZK$_{32}$ 孔深 105.00m 处 t—$\ln N$ 拟合曲线

ZK$_{32}$ 孔深 69.70~111.50m 渗透系数测试成果见表 6.13，砂卵砾石层渗透系数为 $1.527 \times 10^{-3} \sim 1.984 \times 10^{-3}$ cm/s，两种方法测试成果接近。

表 6.13　ZK$_{32}$ 孔深 69.70~111.50m 段覆盖层渗透系数测试成果表

测点位置	公式法 $K_d/(10^{-3}\,cm/s)$	公式法平均 $K_d/(10^{-3}\,cm/s)$	拟合曲线斜率 m	斜率法 $K_d/(10^{-3}\,cm/s)$
75.00m	1.600	1.663	−209243.990	1.680
	1.680			
	1.713			
	1.658			
85.00m	1.527	1.536	−227678.890	1.544
	1.533			
	1.539			
	1.545			
95.00m	1.566	1.561	−227678.890	1.544
	1.573			
	1.579			
	1.528			
105.00m	1.954	1.969	−177272.890	1.983
	1.974			
	1.964			
	1.984			

6.2.2.9　111.50~121.50m 段渗透系数测试成果

ZK$_{32}$ 孔深 111.50~121.50m 为含砾中粗砂层，完成了 115.00m 处 1 个测点测试，t—ln$N$ 拟合曲线如图 6.16 所示，线性关系良好。

ZK$_{32}$ 孔深 111.50~121.50m 段渗透系数测试计算成果见表 6.14，该段含砾中粗砂层渗透系数为 $3.074 \times 10^{-4} \sim 3.512 \times 10^{-4}$ cm/s，两种方法测试成果接近。

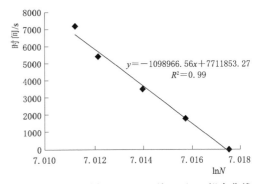

图 6.16　ZK$_{32}$ 孔深 115.00m 处 t—ln$N$ 拟合曲线

表 6.14　ZK$_{32}$ 孔深 111.50~121.50m 段渗透系数测试成果表

测点位置	公式法 $K_d/(10^{-4}\,cm/s)$	公式法平均 $K_d/(10^{-4}\,cm/s)$	拟合曲线斜率 m	斜率法 $K_d/(10^{-4}\,cm/s)$
115.00m	3.506	3.400	−1098966.560	3.200
	3.509			
	3.512			
	3.074			

6.2.2.10 121.50～133.30m 段渗透系数测试成果

ZK$_{32}$ 孔深 121.50～133.30m 为砂卵砾石层，完成了 125.00m 处 1 个测点测试，t—ln$N$ 拟合曲线如图 6.17 所示，线性关系良好。

ZK$_{32}$ 孔深 121.50～133.30m 段渗透系数测试成果见表 6.15，该段砂卵砾石层渗透系数为 3.253×10^{-4}～3.261×10^{-4}cm/s，两种方法测试成果非常接近。

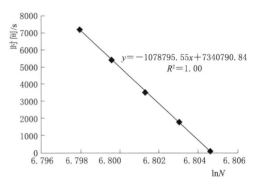

图 6.17　ZK$_{32}$ 孔深 125.00m 处 t—ln$N$ 拟合曲线

表 6.15　　　　ZK$_{32}$ 孔深 121.50～133.30m 段渗透系数测试成果表

测点位置	公式法 $K_d/(10^{-4}\text{cm/s})$	公式法平均 $K_d/(10^{-4}\text{cm/s})$	拟合曲线斜率 m	斜率法 $K_d/(10^{-4}\text{cm/s})$
125.00m	3.253	3.257	−1078795.550	3.259
	3.256			
	3.258			
	3.261			

6.2.2.11 133.30～158.00m 覆盖层渗透系数测试成果

ZK$_{32}$ 孔深 133.30～158.00m 为含块石砂卵砾石层，完成了孔深 135.00m 和 145.00m 处 2 点测试，t—ln$N$ 拟合曲线如图 6.18 和图 6.19 所示，线性关系良好。

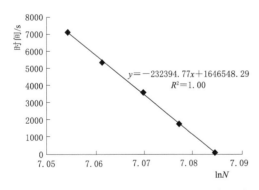

图 6.18　ZK$_{32}$ 孔 135.00m 处 t—ln$N$ 拟合曲线　　图 6.19　ZK$_{32}$ 孔 145.00m 处 t—ln$N$ 拟合曲线

ZK$_{32}$ 孔深 133.30～158.00m 渗透系数测试成果见表 6.16，渗透系数为 1.225×10^{-3}～1.546×10^{-3} cm/s 范围，两种方法测试成果接近。

表 6.16　　　　ZK$_{32}$ 孔深 133.30～158.00m 段覆盖层渗透系数测试成果表

测点位置	公式法 $K_d/(10^{-3}\text{cm/s})$	公式法平均 $K_d/(10^{-3}\text{cm/s})$	拟合曲线斜率 m	斜率法 $K_d/(10^{-3}\text{cm/s})$
135.00m	1.479	1.501	−232394.770	1.513
	1.484			

续表

测点位置	公式法 $K_d/(10^{-3}\mathrm{cm/s})$	公式法平均 $K_d/(10^{-3}\mathrm{cm/s})$	拟合曲线斜率 m	斜率法 $K_d/(10^{-3}\mathrm{cm/s})$
135.00m	1.546	1.501	−232394.770	1.513
	1.496			
145.00m	1.244	1.238	−283743.790	1.239
	1.225			
	1.245			
	1.239			

6.2.3　渗透系数测试成果分析

坝址区共测试 ZK_{32}、ZK_{43}、ZK_{46} 和 ZK_{59} 四个钻孔的覆盖层渗透系数，4 个河床钻孔的同位素渗透系数综合成果见表 6.17。

通过各钻孔测试成果综合对比（表 6.17），可以看出，电站河床覆盖层渗透系数自上而下具有以下特征：

表 6.17　　　　　　　　　坝址河床覆盖层渗透系数测试综合成果表

覆盖层类型	渗透系数 $k/(\mathrm{cm/s})$			
	ZK_{32}	ZK_{43}	ZK_{46}	ZK_{59}
含漂石砂卵砾石层	4.773×10^{-2}	3.661×10^{-2}	5.656×10^{-2}	6.642×10^{-2}
中细砂层	3.769×10^{-4}	3.274×10^{-4}	3.911×10^{-4}	2.776×10^{-4}
含砾粉细砂层				
砂卵砾石层	3.935×10^{-3}		4.207×10^{-3}	
中细砂层 1	2.013×10^{-5}		3.046×10^{-5}	
中细砂层 2	2.761×10^{-4}		3.535×10^{-4}	
砂卵砾石层 1	2.516×10^{-3}		4.213×10^{-3}	
砂卵砾石层 2	1.688×10^{-3}		1.735×10^{-3}	
含砾中粗砂层 1	3.200×10^{-4}			
含砾中粗砂层 2	3.259×10^{-4}			
含块石砂卵砾石层	1.376×10^{-3}			

（1）河床上部含漂石砂卵砾石层渗透系数最大，渗透系数大于 $10^{-2}\mathrm{cm/s}$、小于 $10^{-1}\mathrm{cm/s}$，属强透水层。

（2）中细砂层渗透系数大于 $10^{-5}\mathrm{cm/s}$、小于 $10^{-3}\mathrm{cm/s}$，属中等~弱透水层。测试孔中有三层中细砂层，三层渗透系数的测试结果存在差异。

（3）含砾粉细砂层渗透系数小于 $10^{-5}\mathrm{cm/s}$，属微透水。

（4）砂卵砾石层渗透系数大于 $10^{-3}\mathrm{cm/s}$、小于 $10^{-2}\mathrm{cm/s}$，属中等透水。测试孔中三层的结果存在差异，呈现自上而下渗透系数减小的规律。

（5）含砾中粗砂层渗透系数为 $3.200\times10^{-4}\mathrm{cm/s}$（平均值），属中等透水。

（6）含块石砂卵砾石层渗透系数为 $1.376 \times 10^{-3} \mathrm{cm/s}$，属中等透水。

根据测试结果，由于电站坝址区河床覆盖层不同层位颗粒大小差异大，不同层位深厚覆盖层的渗透性由强到微透水均有分布。但同一层位不同测试钻孔的渗透系数接近，少数差异较大，主要原因有以下几个方面：

（1）覆盖层本身的特征有差异。渗透系数不仅受地下水渗流条件影响，且受覆盖层的物质组成颗粒特征、结构特征、密实度、孔隙比、孔隙连通率等多方面因素影响，导致同一层位渗透系数存在差异。

（2）地下水渗流条件与环境有差异。同位素测试为现场实验，测试结果受覆盖层中地下水渗流条件与环境影响很大，地下水渗流条件与环境的变化均会对测试结果产生影响。渗流条件与环境属自然条件，难以人为控制。

（3）测试条件影响。由于渗透同位素测试是在一定条件下进行的，测试钻孔的结构工艺对结果具有较显著影响。例如，某些钻孔成孔过程中使用植物胶护壁，残留在孔壁的植物胶对渗透系数有影响；测试孔的花管制造过程中其孔隙并非完全均匀分布，花管并非完全垂直放置等。这些人为因素往往会导致同一层覆盖层渗透系数的差异。虽然人为因素可以控制，但无法达到所有测试孔完全一致的要求。

（4）覆盖层埋深影响。同一层覆盖层在不同测试孔中的埋深存在差异，一些部位差异较大。这种差异影响深厚覆盖层的渗透系数，特别是埋深相差较大时，渗透系数差异明显。

第7章 超深覆盖层关键参数取值

7.1 覆盖层物理力学参数取值原则与方法

采用多种方法开展了坝址区深厚覆盖层的物理力学试验，每种试验方法与原理均存在差异。同时，受人为因素影响，各试验方法的结果必定存在不同程度的误差。为减少误差，还原不同土层天然状态下较为真实的工程地质特性，在试验基础上对覆盖层的物理力学性质进行了综合分析评价，包括以下两方面内容：

（1）对已有试验成果进行统计分析，以获得覆盖层各层位物理力学性质的基础资料。

（2）根据试验基础资料，结合覆盖层地质特征，分析评价覆盖层物理力学特性，为超深覆盖层工程地质评价、工程处理方案设计与应用提供可靠的地质依据。

7.1.1 物理参数取值原则与方法

第4章对覆盖层的物理力学试验数据进行了统计分析，不同试验方法获得的同一层位覆盖层的指标存在差异，特别是某些特殊情况下差异较大。因此，有必要在物理力学试验的基础上，根据工程地质条件，对覆盖层物理力学特征进行分析。深厚覆盖层的物理性质研究内容如下：

（1）覆盖层物质组成特征。根据钻孔、颗粒分析试验等资料，分析研究深厚覆盖层各岩组的成因、颗粒特征、颗粒成分、级配特征等，以及颗分试验结果的可靠性。

（2）覆盖层物理性质试验与参数取值。对坝址区超深覆盖层天然含水率、天然密度、天然干密度、最大干密度、最小干密度、相对密度等开展了大量试验，取得了丰富的试验成果。在此基础上，采用工程类比法，分析物理性质试验结果的合理性与可靠性。最后对覆盖层物理参数取值进行研究，给出各岩组物理参数的建议值，并对其物理性质进行评价。

（3）覆盖层力学性质试验与参数取值。对坝址区超深覆盖层开展了载荷试验、钻孔旁压试验、重型动力触探、标准贯入试验、混凝土/覆盖层抗剪强度试验等原位试验及室内动力三轴试验，研究了深厚覆盖层的物理力学特性，获得了深厚覆盖层的物理力学参数。对覆盖层力学性质试验结果进行统计分析，对比分析不同试验方法获得的数据，以及试验结果合理性与可靠性。进而，采用工程类比法，综合给出各岩组力学参数的建议值，并对其力学性质进行评价。

（4）覆盖层水文地质性质试验与参数取值。通过抽水和注水试验，以及30组放射性同位素渗透系数试验，获得了坝址区超深覆盖层的渗透系数等水文地质试验成果。对试验成果的可靠性进行论证，经综合对比研究，最终给出覆盖层的水文地质参数。

7.1.2 力学参数取值原则与方法

在坝址区深厚覆盖层开展了大量力学试验，获得了丰富的试验成果。在此基础上合理选取深厚覆盖层各岩组的力学性质指标，能够保证力学参数取值的可靠性。深厚覆盖层力学参数的取值原则、方法和依据如下。

7.1.2.1　深厚覆盖层力学参数取值原则

（1）考虑各种试验结果进行综合、合理取值，从而使取值结果更具代表性、全面性。不同方法的试验结果差异较大时，应根据覆盖层的地质条件，客观论证后选取力学参数。

（2）力学参数取值应以原位测试成果为主。根据取样环境、试验方法与条件，基础资料重点考虑能代表覆盖层原始状态的力学性质。由于室内试验的试样原有结构遭到破坏，含水量发生明显改变，不能表征其天然赋存环境，以致试验成果反映的覆盖层特性存在偏差。

（3）工程类比法。参照其他类似工程覆盖层试验成果及取值原则与方法，采用类比法取值。

（4）力学参数取值应做到依据可靠、参数取值准确和便于工程应用。

7.1.2.2　深厚覆盖层力学参数取值的主要依据

（1）室内力学试验、渗透试验、原位试验资料。

（2）各相关规范。

（3）超深覆盖层的物质组成、层位展布、沉积时代等。

（4）土石坝设计对地基的要求。

（5）其他各专业相关要求。

7.1.2.3　力学参数取值方法

（1）变形参数取值。针对深厚覆盖层的变形特征进行载荷试验、旁压试验、动力触探、标准贯入等测试。变形模量 E_0 通过以上多种现场原位试验确定，每一种原位试验的原理、影响因素、土样扰动程度、试验误差等存在差异，因此不同原位试验获得的变形模量 E_0 是存在差异的。

依据室内土工压缩试验和原位试验结果，结合深厚覆盖层工程地质特征，采用试验结果、相关计算及地质分析相结合的综合方法，确定覆盖层变形参数的建议值。

综上所述，应主要根据现场原位试验确定覆盖层岩组的变形模量 E_0。若同一岩组的变形模量由多种试验获得，则优先考虑更能够反映实际情况的试验成果。由于载荷试验获得的变形模量较其他几种方法更为准确，取值时可重点考虑载荷试验结果，结合其他方法确定变形模量 E_0 的建议值。

（2）抗剪强度参数取值。通过覆盖层的抗剪强度室内直剪试验及动力触探、标准贯入、混凝土/覆盖层抗剪试验等原位测试，获取其抗剪强度指标，例如黏聚力 c、内摩擦角 φ 等参数。不同试验方法获得的抗剪强度指标存在差异，因此需要综合分析试验结果，并结合覆盖层各岩组的物理特征、地质特征进行综合取值。

覆盖层的抗剪强度指标的确定应重点考虑原位试验成果。受多种因素影响，且规范中的取值是以大量工程经验值为基础、不同规范取值标准不同，利用原位测试确定覆盖层抗剪强度时仍会存在一些误差。

确定覆盖层细粒土岩组抗剪强度指标时，按原状样直剪试验成果并适当折减给出抗剪强度参数的建议值。其他岩组按原位测试结果，考虑埋深、结构、物理性质等指标，参考规范和其他工程经验综合取值。

（3）覆盖层承载力取值。覆盖层承载力取值主要考虑天然状态下土层的承载能力。浅表部岩组依据载荷试验、旁压试验、动力触探和标准贯入试验等结果，结合覆盖层地质特征，以载荷试验成果为主、参考标准贯入和动力触探试验综合确定覆盖层承载力。

（4）力学参数综合取值。综上所述，超深覆盖层厚度大、层次多、物质成分不均匀、埋深各异、沉积时代不同，因此物理力学性质差异较大。勘察中应用了多种试验方法，但成果的离散性较大。除岩组本身物质组成和结构的差异外，不同试验方法和试验点位情况的差异也导致了测试成果的离散性。总体而言，覆盖层的力学特性主要受以下几方面控制：①颗粒粗细；②埋深；③沉积时代。总体规律表现为：颗粒越粗，物理力学特性越好；埋深越大，经历的早期压缩越强、结构越密实，物理力学指标越好；沉积时代越早，上部覆盖层压密时间越长、密实程度越高，工程特性也越好。

7.2 覆盖层物理力学性质与参数选取

7.2.1 物理性质与参数选取

覆盖层物理性质主要受物质组成特征、沉积时间、埋深、地质环境等诸多因素的影响。对于物质组成相近的同一类土层，沉积时间越长、埋藏深度越大，物理性质越好，其干密度越大、孔隙比越小。因此，对于同一类型覆盖层，在缺乏试验资料的情况下，可根据经验公式和工程类比法获取同类岩（土）层的物理力学指标。

在覆盖层物理指标中，对覆盖层物理性质具有重要影响的是覆盖层的干密度和孔隙比，这两个指标能够反映深厚覆盖层的基本物理性质。主要原因如下：

（1）土的干密度与土体含水率大小无关，只取决于土的矿物成分和孔隙比。对某一类土，其矿物成分是固定的，干密度只取决于其孔隙比，所以干密度能反映土中孔隙的多少及土的密实程度。

（2）土的孔隙比大小，主要取决于土的粒度成分和结构，孔隙比反映了土的密实程度。在土的基本物理性质中，孔隙比占有主导地位，对土的密度和含水率都有决定性作用。对于某种土而言，其矿物和粒度成分是一定的，因此固体部分的质量不变。而其结构，尤其是土粒排列的紧密程度，因外界条件的变化而变化，孔隙比也随之发生变化。因此，土的许多物理指标随孔隙比而变化，土的孔隙比对其基本物理性质有着决定性意义。

综上所述，土的干密度与孔隙比是反映土体物理性质的主要指标。因此，根据试验资料、类比已有工程资料，分析依托工程覆盖层的干密度与孔隙比。坝址区深厚覆盖层的主要物理指标试验结果统计见表 7.1。

表 7.1　　　　　　　　不同岩（土）层主要物理指标试验结果统计表

岩（土）层	特征值	干密度 ρ_d/(g/cm³)	孔隙比 e
第1层（Q_4^{del}）	最大值	2.12	0.73
	最小值	1.55	0.29
	平均值	1.84	0.51

续表

岩（土）层	特征值	干密度 ρ_d/(g/cm^3)	孔隙比 e
第2层（Q$_4^{al}$-Sgr$_2$）	最大值	2.16	0.28
	最小值	2.13	0.24
	平均值	2.14	0.26
第6层（Q$_3^{al}$-Ⅳ$_1$）	最大值	1.83	0.69
	最小值	1.59	0.46
	平均值	1.70	0.58
第7层（Q$_3^{al}$-Ⅲ）	最大值	1.88	0.57
	最小值	1.71	0.43
	平均值	1.80	0.49
第8层（Q$_3^{al}$-Ⅱ）	最大值	1.82	0.64
	最小值	1.64	0.47
	平均值	1.74	0.55
第9和第10层（Q$_3^{al}$-Ⅰ和 Q$_2^{fgl}$-Ⅴ）	最大值	1.98	0.46
	最小值	1.84	0.36
	平均值	1.91	0.41

参考部分国内外已（拟）建工程的现场试验结果，漂卵石、碎（卵）砾石的干密度一般为 2.00~2.30g/cm^3，粉细砂干密度为 1.35~1.57g/cm^3。川西地区和西藏雪卡电站的深厚覆盖层组成物质以卵砾石为主，含少量漂（块）石，磨圆度和分选性较差，干密度为 2.03~2.24g/cm^3。

根据表7.1，同一岩组的物理指标试验结果差异大。与已有的其他工程对比，依托工程覆盖层含大粒径的砂卵砾石层干密度试验值普遍偏低，但砂类、细粒土的干密度偏高，仅有第3层岩组的干密度与已有的工程资料一致。造成这一结果的原因主要是：

（1）根据试验结果，第1层岩组干密度最大值为 2.12g/cm^3，最小值为 1.55g/cm^3，孔隙比最大值为 0.73，最小值为 0.29。该层不同样品试验结果差异大的原因在于其物质组成的不均匀性大，该层受崩滑堆积、堰塞沉积作用导致不同部位物质组成差异显著。结合工程类比及岩组成因与物质特征，建议第1层岩组的干密度取 1.80g/cm^3，孔隙比取 0.50。

（2）第2层岩组位于现代河床表部，试验样品为直接大面积开挖获取。因此，所取样品能够反映该层物质特征，试验结果具有较好的代表性与一致性。从试验结果看，最大值与最小值相近，干密度最大值为 2.16g/cm^3、最小值为 2.13g/cm^3，孔隙比最大值为 0.28、最小值为 0.24，试验结果与已有工程符合性较好。因此，该层物理指标可取试验平均值，干密度取 2.14g/cm^3，孔隙比取 0.26。

（3）其余岩组的物理试验样品均取自钻孔岩芯，由于岩芯样品受钻进工艺、操作技术等方面的影响，导致其不具备较好的代表性。此外，钻孔取芯难以获得粒径大于 100mm 的物质，也会损失细颗粒含量。因此，钻孔取样在一定程度上无法反映岩组的真实物质特征。

（4）对于含大粒径物质的砂卵砾石层，钻孔样品减少了颗粒的含量，导致干密度与孔隙比减小。类比已有工程的试验结果，第1层、第7层、第9层、第10层试验获得干密度的平均值小于经验值，最大值也小于经验值。因此，建议含大粒径物质的砂卵砾石类土层的干密度结合已有工程类比取值。

（5）对于砂类、细粒土而言，钻进减少了细小颗粒含量，因此导致该类土干密度增大。类比已有工程的试验结果，第6层、第8层试验获得干密度的平均值稍大于工程经验值，试验最小值与经验值相近。因此，建议砂类、细粒土类的干密度取试验的平均值。

根据试验结果，类比国内已建、在建工程经验，坝址区深厚覆盖层各岩组的干密度与孔隙比参数建议值见表 7.2。

表 7.2　　　　　　　　　　覆盖层主要物理参数建议值表

岩（土）层	天然密度 $\rho/(g/cm^3)$	干密度 $\rho_d/(g/cm^3)$	孔隙比 e	备注
第1层（Q_4^{del}）	1.83	1.80	0.50	
第2层（$Q_4^{al} - Sgr_2$）	2.15	2.14	0.26	
第3层（$Q_4^{al} - Sgr_1$）	2.18	2.14	0.30	
第4层（$Q_3^{al} - V$）	1.85	1.80	0.40	右岸Ⅲ级阶地
第5层（$Q_3^{al} - IV_2$）	1.69	1.65	0.60	
第6层（$Q_3^{al} - IV_1$）	1.73	1.70	0.58	
第7层（$Q_3^{al} - III$）	2.10	2.05	0.49	
第8层（$Q_3^{al} - II$）	1.79	1.74	0.55	
第9层（$Q_3^{al} - I$）	2.02	1.95	0.41	
第10层（$Q_2^{fgl} - V$）	2.10	2.05	0.38	
第11层（$Q_2^{fgl} - IV$）	2.15	2.08	0.35	
第12层（$Q_2^{fgl} - III$）	1.72	1.65	0.62	
第13层（$Q_2^{fgl} - II$）	2.16	2.10	0.28	
第14层（$Q_2^{fgl} - I$）	2.19	2.15	0.25	

根据表 7.2，电站覆盖层粗粒类土干密度较大，一般大于 $2.0g/cm^3$，细粒土与粉粒土干密度较小，约为 $1.65g/cm^3$。总体而言，坝址区覆盖层具有较好工程物理特性，呈密实～中密状态。其中，细粒土和粉粒土的工程性质相对较差，多为中密状态，个别呈稍密状态。

7.2.2　力学性质与参数选取

7.2.2.1　力学试验对比分析

覆盖层的力学性质相比其物理性质而言，对于电站设计更为重要。因此，针对坝址超深覆盖层的力学性质进行了大量的室内、原位测试，特别是对于卵（碎）石土、砾石土的力学性质研究较多。中国电建集团西北勘测设计研究院有限公司与成都理工大学合作完成的"河谷深厚覆盖层的工程特性研究"课题中，获得了卵（碎）石土、砾石土力学参数与物理参数之间的相关关系，见式（7.1）～式（7.6）：

$$f_0 = 0.07069 e^{-1.6064} \tag{7.1}$$

$$E_0 = 5.145 e^{-1.506} \tag{7.2}$$

$$f_0 = 0.07069 \left(\frac{G}{\rho_d} - 1 \right)^{-1.6064} \tag{7.3}$$

$$E_0 = 4.224 N_{63.5}^{0.774} \tag{7.4}$$

$$f_0 = 0.05723 N_{63.5}^{0.8256} \tag{7.5}$$

$$e = 1.14 N_{63.5}^{-0.514} \tag{7.6}$$

式（7.1）～式（7.6）中：f_0 为地基承载力基本值，MPa；E_0 为变形模量，MPa；e 为孔隙比；G 为密度，g/cm^3；ρ_d 为干密度，g/cm^3；$N_{63.5}$ 为标准击数，（击）。

　　虽然上述相关关系具有局限性，但在试验资料缺乏的条件下，可以根据这些相关关系获得力学参数的参考值。

　　对覆盖层的力学性质进行了室内试验，以及载荷试验、旁压试验、动力触探和标准贯入试验等现场试验。虽然载荷试验、旁压试验的试验结果具有较高的可靠性，但受试验条件限制，载荷试验仅在部分层位开展。动力触探和标准贯入试验虽然设备简单、容易操作，但测试深度超过 20m 时，其可靠度较低。

　　坝址区覆盖层采用多种方法开展了覆盖层力学试验，获得了较丰富的试验成果。为确定合理可靠的覆盖层力学参数，有必要对不同试验结果进行对比分析。各试验方法及相关公式计算的承载力与变形模量对比见表 7.3。

表 7.3　　　　　　　　　覆盖层承载力及变形模量的各种试验结果对比

岩　组	载荷试验		旁压试验		动力触探/标准贯入		室内试验		公式计算	
	承载力/MPa	变形模量/MPa	承载力/MPa	变形模量/MPa	承载力/MPa	变形模量/MPa	承载力/MPa	变形模量/MPa	承载力/MPa	变形模量/MPa
第 1 层（Q$_4^{\text{del}}$）	0.181	35.2			0.645	39.6		14.35	0.45	14.6
第 2 层（Q$_4^{\text{al}}$ - Sgr$_2$）					0.817	43.7		25.65		
第 3 层（Q$_4^{\text{al}}$ - Sgr$_1$）	0.758	82.3			0.969	53.1			0.62	39.1
第 5 层（Q$_3^{\text{al}}$ - Ⅳ$_2$）			0.2	28.9	0.144	11.6				
第 6 层（Q$_3^{\text{al}}$ - Ⅳ$_1$）			0.31	34.7				15.76	0.30	11.7
第 7 层（Q$_3^{\text{al}}$ - Ⅲ）					0.923	47.0		17.15	0.45	15.1
第 8 层（Q$_3^{\text{al}}$ - Ⅱ）					0.132	11.1		18.50	0.19	12.7
第 9 层（Q$_3^{\text{al}}$ - Ⅰ）								22.42	0.30	19.7
第 10 层（Q$_2^{\text{fgl}}$ - Ⅴ）								22.42		

　　根据表 7.3，不同试验方法获得的同一层岩组的承载力和变形模量差异较大。不仅说明同一岩组物质组成具有不均匀性，例如第一层岩组不同部位的物质组成差异非常明显，同时表明不同试验本身的差异性很大，例如载荷试验、动力触探和标准贯入试验的原理差异大。这种差异是多种因素造成的，且大多数因素目前无法被消除。因此，单纯依据某一

种试验确定力学参数明显缺乏合理性，采用多种方法的平均值也并不合理。因此，应以试验为依据，分析不同试验结果的可靠性，同时结合覆盖层物质组成、形成的地质年代、埋深等因素，对比已有工程进行综合取值。

7.2.2.2 力学参数取值

通过上述统计分析、归纳汇总了深厚覆盖层的各种力学试验结果，获得了深厚覆盖层的各项力学性质指标。土的同一力学指标可以通过多种试验方法获得，而不同试验获得的覆盖层同一岩组的力学性质指标是有差异的。因此，在上述试验基础上，对深厚覆盖层的同一力学指标取值进行研究是非常必要的。在前述各项指标分析论证的基础上，类比工程经验进行适当折减、调整，得出依托工程坝址区深厚覆盖层力学参数建议值见表 7.4。

表 7.4 坝址区深厚覆盖层力学参数建议取值

岩　　组	允许承载力 f_k/kPa	变形模量 E_0/MPa	压缩系数 a/MPa^{-1}	黏聚力 c/kPa	摩擦角 φ/(°)
第 1 层（Q_4^{del}）	250～300	20～30	0.12	17	25～30
第 2 层（$Q_4^{al}-Sgr_2$）	450～500	40～45	0.16	27	30～33
第 3 层（$Q_4^{al}-Sgr_1$）	460～500	42～47	0.15	27	30～35
第 4 层（$Q_3^{al}-V$）	260～310	25～30	0.13	15	25～30
第 5 层（$Q_3^{al}-IV_2$）	250～280	20～25	0.12	15	20～22
第 6 层（$Q_3^{al}-IV_1$）	260～290	22～26	0.12	15	20～23
第 7 层（$Q_3^{al}-III$）	530～580	50～55	0.08	10	30～33
第 8 层（$Q_3^{al}-II$）	260～300	23～26	0.09	15	25～30
第 9 层（$Q_3^{al}-I$）	550～600	50～55	0.07	10	30～35
第 10 层（$Q_2^{fgl}-V$）	550～600	50～55	0.07	10	30～35
第 11 层（$Q_2^{fgl}-IV$）	600～650	55～60	0.07	10	32～37
第 12 层（$Q_2^{fgl}-III$）	300～350	25～30	0.12	15	24～27
第 13 层（$Q_2^{fgl}-II$）	620～680	58～63	0.07	10	35～38
第 14 层（$Q_2^{fgl}-I$）	600～650	28～33	0.07	10	30～35

根据表 7.4，坝址深厚覆盖层除第 4 层、第 5 层、第 6 层、第 8 层力学性质较差外，其余各层均具有较高承载力、变形模量与抗剪强度。总体而言，电站深厚覆盖层除砂层、粉细砂层力学性质较差外，其余各层均具有很好的力学性质。

力学性质较差的第 5 层、第 6 层、第 8 层埋深较浅。特别是第 6 层位于大坝底部 5～10m，作为软弱下卧层无法满足承载力与变形要求。同样，力学性质较差的第 8 层埋深60m 左右，同样无法满足承载力与变形要求的。因此，该部位坝基沉降与承载力不足的问题较为突出。

坝址区深厚覆盖层开挖坡比建议值见表 7.5。Q_4^{del}、$Q_3^{al}-IV$ 岩组坡高分别大于 5m、2m 时，建议做护坡处理。

表 7.5　　　　　　　　　　　坝址区深厚覆盖层开挖坡比建议值表

岩　　组	建议开挖坡比	
	水　　上	水　　下
$Q_4^{al} - Sgr_1$、$Q_4^{al} - Sgr_2$	1：1～1：1.5	1：1.5～1：1.75
$Q_3^{al} - V$	1：1.5～1：1.75	1：1.75～1：2.0
$Q_3^{al} - IV$	1：1.5～1：2.0	1：2.0～1：2.5
Q_4^{del}	1：1～1：1.5	1：1.5～1：1.75

7.3　覆盖层渗流场特征与参数取值

水文地质研究关系到坝基与绕坝防渗处理，是覆盖层特性研究的一项重要内容，而渗透性能是水文地质研究的核心内容。针对覆盖层的渗透性，首先对覆盖层渗透系数的试验结果进行统计分析。该工程采用了钻孔抽水试验、试坑注水试验及渗透系数同位素测试等多种方法进行覆盖层渗透系数测试，取得了丰富的成果。在此基础上，对不同试验结果进行了对比分析，结合工程类比法，论证了试验结果的合理性与可靠性，提出了覆盖层的水文地质参数。

7.3.1　渗透系数等级划分

《水力发电工程地质勘察规范》（GB 50287—2016）对岩土体渗透性进行了分级，见表 7.6。将深厚覆盖层渗透系数测试结果与规范中的渗透性等级进行对比，从而确定电站坝址区深厚覆盖层的渗透性等级。

表 7.6　《水力发电工程地质勘察规范》（GB 50287—2016）的岩土体渗透性分级表

渗透性等级	标　　准		岩　体　特　征	土　　类
	渗透系数 $k/(cm/s)$	透水率 q/Lu		
极微透水	$k \leqslant 10^{-6}$	$q < 0.1$	完整岩石或含等价开度小于 0.025mm 裂隙岩体	黏土
微透水	$10^{-6} \leqslant k < 10^{-5}$	$0.1 \leqslant q < 1$	含等价开度 0.025～0.05mm 裂隙岩体	黏土～粉土
弱透水	$10^{-5} \leqslant k < 10^{-4}$	$1 \leqslant q < 10$	含等价开度 0.05～0.01mm 裂隙岩体	粉土～细粒土质砂
中等透水	$10^{-4} \leqslant k < 10^{-2}$	$10 \leqslant q < 100$	含等价开度 0.01～0.5mm 裂隙岩体	砂～砂砾
强透水	$10^{-2} \leqslant k < 10^{0}$	$q \geqslant 100$	含等价开度 0.5～2.5mm 裂隙岩体	砂砾～砾石、卵石
极强透水	$k \geqslant 10^{0}$		含连通孔洞或等价开度大于 2.5mm 裂隙岩体	粒径均匀的巨砾

表 7.6 根据渗透系数大小将岩土体的渗透性分为 6 个等级。岩土体渗透性分级标准主要考虑了渗透系数和透水率，其中渗透系数主要用来表示抽水试验指标，透水率主要用来表示压水试验指标。

根据覆盖层渗透系数试验结果以及《水力发电工程地质勘察规范》（GB 50287—2016）对依托工程岩土体渗透性进行分级。由于测试仅有 ZK_{32} 孔连续，因此将该孔作为坝址覆盖层渗透性的代表性钻孔，结果见表 7.7。等级划分结果显示，除现代河床表部的含漂石砂卵砾石层为强透水、含砾粉细砂层为微透水、中细砂层为弱透水外，其余层均为中等透水。总体而言，电站坝址深厚覆盖层以中等透水为主。

表 7.7　　　　　　　　　　　　ZK_{32} 深厚覆盖层渗透性等级划分结果

层位编号	覆盖层名称	孔深 /m	斜率法平均 $K_d/(cm/s)$	渗透性等级
1	含漂石砂卵砾石层	0.0～6.20	4.773×10^{-2}	强透水
2	含砾中细砂层	6.20～11.58	3.769×10^{-4}	中等透水
3	含砾粉细砂层	11.58～16.08		微透水
4	砂卵砾石层	16.08～27.60	3.935×10^{-3}	中等透水
5	中细砂层	27.60～37.27	2.013×10^{-5}	弱透水
6	含砾中细砂层	37.27～41.20	2.761×10^{-4}	中等透水
7	砂卵砾石层	41.20～69.70	2.516×10^{-4}	中等透水
8	砂卵砾石层	69.70～111.50	1.688×10^{-3}	中等透水
9	含砾中粗砂层	111.50～133.30	3.200×10^{-4}	中等透水
10	含砾中粗砂层	133.30～141.30	3.259×10^{-4}	中等透水
11	含块石砂卵砾石层	141.30～158.00	1.376×10^{-3}	中等透水

7.3.2　覆盖层渗透特征

根据钻孔抽水试验、试坑注水试验、渗透系数同位素测试成果确定覆盖层的渗透系数。作为电站大坝的基础，深厚覆盖层的渗透性研究与其物理力学性质同样重要。如果坝基深厚覆盖层发生渗透变形破坏，会对大坝安全造成威胁。如果大坝建成后不能保证蓄水，则会导致电站报废。深厚覆盖层的渗透特性和渗控参数是坝基防渗方案设计的主要依据之一，渗透特性、渗控参数与覆盖层的物质组成特征、颗粒级配特征、渗透水流方向及试验方法等密切相关。

为了解覆盖层的渗透性，对覆盖层进行了室内试验与原位测试。室内试验进行了表征渗透性的指标——临界坡降、破坏坡降和渗透系数试验，原位测试进行了钻孔抽水试验、试坑注水试验、渗透系数同位素测试。

7.3.2.1　覆盖层渗透系数试验对比分析

基于各种试验方法求出的渗透系数对比见表 7.8。

表 7.8 覆盖层渗透系数试验成果对比分析表

岩 组	室内试验 $k/(\text{cm/s})$	抽水（注水）试验 $k/(\text{cm/s})$	同位素测试 $k/(\text{cm/s})$	对 比 说 明
第 1 层（Q_4^{del}）	2.42×10^{-2}	2.33×10^{-3}		差异大，建议取值以原位测试为主
第 2 层（$Q_4^{al}-Sgr_2$）	7.52×10^{-4}	2.33×10^{-2}	5.183×10^{-2}	取原位测试的均值
第 3 层（$Q_4^{al}-Sgr_1$）		5.80×10^{-3}		
第 5 层（$Q_3^{al}-Ⅳ_2$）				
第 6 层（$Q_3^{al}-Ⅳ_1$）	3.20×10^{-4}	5.48×10^{-4}	3.148×10^{-4}	差异小，取均值
第 7 层（$Q_3^{al}-Ⅲ$）	9.38×10^{-4}	8.49×10^{-3}	4.071×10^{-3}	差异大，取原位测试均值
第 8 层（$Q_3^{al}-Ⅱ$）	5.89×10^{-5}		2.530×10^{-5}	差异小，取均值
第 9 层（$Q_3^{al}-Ⅰ$）	1.14×10^{-4}	4.29×10^{-4}	3.365×10^{-3}	差异大，取大值
第 10 层（$Q_2^{fgl}-Ⅴ$）	1.14×10^{-4}	4.29×10^{-4}	1.712×10^{-3}	差异大，取大值
第 11 层（$Q_2^{fgl}-Ⅳ$）			1.712×10^{-3}	
第 12 层（$Q_2^{fgl}-Ⅲ$）			3.259×10^{-4}	
第 13 层（$Q_2^{fgl}-Ⅱ$）			1.376×10^{-3}	

根据试验结果，不同试验方法结果存在差异，主要原因是：

（1）室内试验是在筛除粒径大于 22mm 的颗粒后进行的，基本上比原位测试值偏小（第 1 层 Q_4^{del} 除外）。特别是第 2 层（$Q_4^{al}-Sgr_2$）与原位测试存在两个数量级的差异，这与该层大颗粒含量较高有关。

（2）注水（抽水）试验与同位素测试结果大部分相近，部分差异较大。例如第 9 层（$Q_3^{al}-Ⅰ$）、第 10 层（$Q_2^{fgl}-Ⅴ$）的注水（抽水）试验与同位素测试结果相比偏小，这与试验孔内残留循环液有关。

为获取较为可靠的渗透系数，还应考虑覆盖层颗粒特征，应用经验公式进行计算，以确定较合理的渗透系数。

7.3.2.2 经验公式计算确定渗透性

土体渗透性能可用土的孔隙平均直径 D_0 表示。显然其他条件相同的情况下，孔隙平均直径越大，其过水断面越大，渗透水流所受阻力越小，其渗透流速就越大，土体透水性就越强。对于不均匀土体，中国水利水电科学研究院的试验成果表明，孔隙平均直径 D_0 主要取决于土体的等效粒径 d_{20}，其次是孔隙率 n。

孔隙平均直径 D_0 与等效粒径 d_{20} 及孔隙率 n 之间的关系可表示为

$$D_0 = 0.63 n d_{20} \tag{7.7}$$

式中：d_{20} 为小于该粒径的含量占 20% 的颗粒粒径，mm；D_0 为孔隙平均直径，mm；n 为孔隙率，%。

按《水力发电工程地质勘察规范》（GB 50287—2016）推荐公式计算渗透系数 k，公式如下：

$$k = 6.3C_u^{-0.375}d_{20}^2 \qquad (7.8)$$

式中：k 为渗透系数，cm/s；C_u 为不均匀系数；d_{20} 为有效粒径，mm。

按《水力发电工程地质勘察规范》（GB 50287—2016）推荐公式计算的深厚覆盖层渗透系数见表7.9。

表7.9　　　　　　　　　按推荐公式计算的深厚覆盖层渗透系数表

岩　组	孔隙率 $n/\%$	等效粒径 d_{20}/mm	孔隙平均直径 D_0/mm	不均匀系数 C_u	渗透系数 $k/(cm/s)$
第1层（Q_4^{del}）	23.1	7.00	1.019	67.14	63.740
第2层（Q_4^{al} - Sgr_2）	20.6	6.04	0.761	101.12	40.700
第5层（Q_3^{al} - Ⅳ$_2$）	42.9	0.09	0.024	6.58	0.024
第6层（Q_3^{al} - Ⅳ$_1$）	40.8	0.13	0.033	8.49	0.048
第7层（Q_3^{al} - Ⅲ）	30.1	0.25	0.047	292.31	0.047
第8层（Q_3^{al} - Ⅱ）	39.0	0.14	0.034	52.99	0.027
第9层、第10层 （Q_3^{al} - Ⅰ、Q_2^{fgl} - Ⅴ）	27.5	0.31	0.054	83.83	3.187

公式计算结果明显大于试验值。虽然公式为规范推荐，但其基础是经验性的。因此，试验资料具备的条件下，两者差异较大时，应重点考虑综合取值。

7.3.2.3　粒径与渗透系数的关系

电站坝址区深厚覆盖层组成物质具有粒径范围很广、级配差别大的特点。既有颗粒很大的漂石与块石，也有颗粒非常细小的粉粒与黏土，也存在介于二者之间的卵石、砾石、砂粒等。坝址区深厚覆盖层不同层位的物质颗粒大小差异大，从而使不同岩层的渗透系数差异大。一般而言，某分层的物质颗粒粒径越大，其渗透系数越大。覆盖层渗透系数与物质颗粒粒径大小、密实程度、结构特征等因素有关。坝址深厚覆盖层物质组成复杂，垂直方向上相同物质组成分层叠置出现，即具有相同或相近的物质颗粒粒径特征的岩组在不同深度重复出现。

按颗粒组成进行土的分类有多种方案，一般以两个粒径界限将土的粒径分为三大类，即以2mm和0.05mm为界限将土分为粗粒土、砂粒土和细粒土。粗粒土包括以漂石（块石）、卵石（碎石）和砾石（角砾）为主组成的土；砂粒土包括由粗砂、中砂、细砂和极细砂粒组成的土；细粒土主要由粉粒、黏粒组成。实际中遇到的土层绝大部分为非均粒土，研究其渗透系数时需考虑土的主要颗粒组成及土的分类。

根据颗粒粒径大小，可将坝址区超深覆盖层分为粗粒土、砂粒土两大类。根据物质组成特征及放射性同位素测试结果，得到覆盖层渗透系数统计结果见表7.10，表中平均粒径由颗分曲线确定。根据表7.10，覆盖层颗粒大小对渗透系数影响很大，粗粒土平均粒径为21.25mm，渗透系数为 $5.183 \times 10^{-2} \sim 1.376 \times 10^{-3}$ cm/s；砂粒土平均粒径为0.269mm，渗透系数为 $2.530 \times 10^{-5} \sim 3.259 \times 10^{-4} \sim 5 \times 10^{-3}$ cm/s。

表 7.10　　　　　　覆盖层颗粒粒径与渗透系数统计结果（据同位素测试结果）

按颗粒分类	覆盖层名称	平均粒径 d_{50}/mm	渗透系数 k/(cm/s)		渗透性等级
			最大值	最小值	
粗粒土	含漂石砂卵砾石层，含块石砂卵砾石层，砂卵砾石层	21.25	5.183×10^{-2}	1.376×10^{-3}	强～中等透水
砂粒土	中细砂层，含砾粉细砂层，含砾中粗砂层	0.269	3.259×10^{-4}	2.530×10^{-5}	中等～弱透水

7.3.2.4　覆盖层渗透性

通过以上分析，不同方法确定的覆盖层渗透系数差异很大，颗粒粒径与渗透系数对比的结果显示，原位测试的渗透系数较符合实际。

根据原位测试，覆盖层大部分岩组为中等透水。位于现代河床表部的第 2 层岩组为强透水，第 5 层、第 6 层、第 8 层的粉细砂层和中细砂层透水性较弱。第 6 层位于现代河床下 10m 左右，平均层厚 7.6m，对坝基防渗有利。

7.3.3　抗渗性能评价

目前关于渗透变形启动的临界水力坡降计算公式还不成熟，主要原因是：渗透变形机制理论认识尚不完全，根据试验数据鉴别流土、管涌缺乏明确标准。鉴于此，主要通过规范推荐公式和经验资料计算覆盖层临界水力坡降，并结合试验成果综合判定渗透变形破坏的临界坡降值。

7.3.3.1　临界水力坡降

（1）规范公式法。流土型采用式（7.9）计算：

$$J_{cr}=(G_s-1)(1-n) \tag{7.9}$$

式中：J_{cr} 为土的临界水力坡降；G_s 为土粒比重；n 为土的孔隙率，%。

管涌型或过渡型可采用式（7.10）计算：

$$J_{cr}=2.2(G_s-1)(1-n)^2\frac{d_5}{d_{20}} \tag{7.10}$$

式中：d_5、d_{20} 为小于该粒径的含量占总土重的 5% 和 20% 的颗粒粒径，mm；其余符号意义同前。

深厚覆盖层各岩组的临界坡降计算结果见表 7.11。

表 7.11　　　　　　规范公式法获得的覆盖层各岩组的临界坡降计算结果

岩组	Q_4^{del}	$Q_4^{al}-Sgr_2$	$Q_3^{al}-IV$	$Q_3^{al}-III$	$Q_3^{al}-II$	$Q_2^{fgl}-V$
临界坡降 J_{cr}	0.283	0.323	0.967	0.714	1.120	0.911

（2）试验结果。覆盖层室内扰动样的临界坡降试验结果见表 7.12。

表 7.12　　　　　　覆盖层室内扰动样的临界坡降试验结果

岩组	Q_4^{del}	$Q_4^{al}-Sgr_2$	$Q_3^{al}-IV$	$Q_3^{al}-III$	$Q_2^{fgl}-V$
临界坡降 J_{cr}	0.35	0.52	1.06	1.18	1.04

（3）综合分析取值。

覆盖层临界坡降取值结果见表 7.13，虽然规范公式法和试验结果略有差异，但总体比较接近，因此可取两者平均值为临界坡降。

表 7.13 覆盖层临界坡降取值结果

岩组	Q_4^{del}	$Q_4^{al} - Sgr_2$	$Q_3^{al} - IV$	$Q_3^{al} - III$	$Q_3^{al} - II$	$Q_2^{fgl} - V$
规范公式法	0.283	0.323	0.967	0.714	1.12	0.911
试验结果	0.35	0.52	1.06	1.18		1.04
平均值	0.32	0.42	1.01	0.95	1.12	0.98

7.3.3.2 允许坡降

规范推荐用无黏性土的临界坡降值 J_{cr} 与安全系数的比值计算允许坡降，安全系数建议值为 1.5～2.0。从偏于安全的角度，安全系数建议取 2.0。根据临界坡降计算允许坡降的结果见表 7.14。

表 7.14 覆盖层允许坡降取值表

岩组	Q_4^{del}	$Q_4^{al} - Sgr_2$	$Q_3^{al} - IV$	$Q_3^{al} - III$	$Q_3^{al} - II$	$Q_2^{fgl} - V$
临界坡降	0.32	0.42	1.01	0.95	1.12	0.98
允许坡降	0.16	0.21	0.51	0.48	0.56	0.49

7.3.4 覆盖层渗透系数、允许坡降建议值

根据坝址区深厚覆盖层渗透系数测试试验结果、《水力发电工程地质勘察规范》（GB 50287—2016）岩土体渗透性分级，以及各层覆盖层颗粒特征、成因、年代等因素，对电站超深覆盖层渗透系数、允许坡降等给出建议值，见表 7.15。

表 7.15 坝址区深厚覆盖层渗透系数和允许坡降建议值

覆盖层名称	渗透系数 $k_d/(cm/s)$	渗透性等级	允许坡降 J_c
第 1 层（Q_4^{del}）	2.33×10^{-3}	中等透水	0.10～0.15
第 2 层（$Q_4^{al} - Sgr_2$）	2.33×10^{-2}	强透水	0.10～0.20
第 3 层（$Q_4^{al} - Sgr_1$）	5.80×10^{-3}	中等透水	0.15～0.20
第 4 层（$Q_3^{al} - V$）	4.46×10^{-4}	中等透水	0.20～0.30
第 5 层（$Q_3^{al} - IV_2$）	1.00×10^{-5}	弱透水	0.25～0.30
第 6 层（$Q_3^{al} - IV_1$）	5.48×10^{-4}	中等透水	0.20～0.30
第 7 层（$Q_3^{al} - III$）	8.49×10^{-3}	中等透水	0.15～0.20
第 8 层（$Q_3^{al} - II$）	5.89×10^{-5}	弱透水	0.30～0.40
第 9 层（$Q_3^{al} - I$）、第 10 层（$Q_2^{fgl} - V$）	1.14×10^{-3}	中等透水	0.20～030
第 11 层（$Q_2^{fgl} - IV$）	1.70×10^{-4}	中等透水	0.25～0.30
第 12 层（$Q_2^{fgl} - III$）	3.26×10^{-5}	弱透水	0.35～0.45
第 13 层（$Q_2^{fgl} - II$）	8.35×10^{-5}	弱透水	0.30～0.35
第 14 层（$Q_2^{fgl} - I$）	2.50×10^{-5}	弱透水	0.35～0.40

7.4　复杂覆盖层渗透特性评价理论与方法

7.4.1　层状覆盖层流场特征与等效渗透特性评价

超深覆盖层由多组级配不同的土层组成，不同土层颗粒粒径差异显著，显著影响其渗透特性。为分析超深覆盖层各层土体组合渗透特性，建立周期性互层状介质渗透分析模型（图 7.1）。

图 7.1 中，土层沿 x 方向长度为 L，沿 y 方向上单周期土体厚度为 H，裂缝开度为 b，坐标原点位于不同介质交界面。细粒层中水流沿 x 方向的局部平均流速为 w_x，粗粒层中水流沿 x 方向的局部平均流速为 u_x。细粒层渗透率、孔隙率分别为 K_1 和 n_1，粗粒层渗透率、孔隙率分别为 K_2 和 n_2。

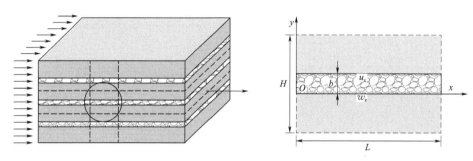

图 7.1　周期性互层状介质渗透分析模型

为便于理论分析，作如下假设：①只考虑 x 方向的一维流动，y 和 z 方向的流速为 0；②细粒层和粗粒层为均匀多孔介质，其中的水流为 Newton 流体；③水流运动为层流；④裂缝无限延伸；⑤水流在两种介质的交界面处满足流速相等、剪应力连续的边界条件。

细粒层和粗粒层渗流遵循 Brinkman - Darcy 方程（以下简称 B - D 方程）：

$$n\rho f - n\,\nabla \overline{p} + \eta\,\nabla^2 \overline{v} - n\frac{\eta}{K}\overline{v} = \frac{\rho}{n}(\overline{v}\cdot\nabla)\overline{v} \tag{7.11}$$

式中：$\overline{v}$ 为孔隙介质中的渗流流速；$\overline{p}$ 为流体压力；η 为水的动力黏度；ρ 为水的密度；n 为细粒层和粗粒层的孔隙率，无量纲；K 为细粒层和粗粒层的渗透率；f 为水流惯性力；∇ 为 Laplace 算子。

7.4.1.1　粗粒岩层中流体的流速

在此，写出连续性方程：

$$\frac{\partial u_x}{\partial x} + \frac{\partial u_y}{\partial y} + \frac{\partial u_z}{\partial z} = 0 \tag{7.12}$$

式中：u_x、u_y、u_z 分别为 x、y、z 方向粗粒岩层渗流流速。

根据基本假设，粗粒层中水流运动满足式（7.11）描述的 B - D 方程。在 x 方向，式（7.11）可以展开为

$$\rho n_2 f_x - n_2\frac{\partial p}{\partial x} + \eta\left(\frac{\partial^2 u_x}{\partial x^2} + \frac{\partial^2 u_x}{\partial y^2} + \frac{\partial^2 u_x}{\partial z^2}\right) - n_2\frac{\eta}{K_2}u_x$$

$$= \frac{\rho}{n_2} \left(u_x \frac{\partial u_x}{\partial x} + u_y \frac{\partial u_x}{\partial y} + u_z \frac{\partial u_x}{\partial z} \right) \tag{7.13}$$

由于粗粒层渗流沿 y、z 方向的流速均为 0，即 $u_y = u_z = 0$。据此可知，$\partial u_y / \partial y = \partial u_z / \partial z = 0$，于是代入式（7.12）可得 $\partial u_x / \partial x = 0$。在 x 方向，流速 u_x 沿 z 方向不发生变化，即 $\partial u_x / \partial z = 0$，于是可得 $\partial^2 u_x / \partial z^2 = 0$。在 x 方向，水流惯性力 $f_x = g \sin\theta$，θ 为粗粒层倾角。水的容重 $\gamma_w = \rho g$，ρ 为水的密度，g 为重力加速度。

将以上条件代入式（7.13），化简可得

$$\eta \frac{\mathrm{d}^2 u_x}{\mathrm{d} y^2} - n_2 \frac{\eta}{K_2} u_x - n_2 \frac{\mathrm{d} p}{\mathrm{d} x} + \gamma_w n_2 \sin\theta = 0 \tag{7.14}$$

水流压强 p 沿 x 方向路径 L 的变化率为常数，可以表示为

$$\frac{\mathrm{d} p}{\mathrm{d} x} = -\frac{\Delta p}{L} = \mathrm{const} \tag{7.15}$$

将式（7.15）代入式（7.14），求解出常微分方程的解：

$$u_x = B_1 \mathrm{e}^{\sqrt{n_2/K_2} \cdot y} + B_2 \mathrm{e}^{-\sqrt{n_2/K_2} \cdot y} + \frac{(\Delta p + \gamma_w L \sin\theta) K_2}{L \eta} \tag{7.16}$$

式中：B_1 和 B_2 为待求系数；其余符号意义同前。

7.4.1.2　充填裂缝中流体的流速

根据基本假设，细粒层渗流也满足 B-D 方程，即满足式（7.11）。在 x 方向，相应的 B-D 方程可以简化为

$$\rho n_1 f_x - n_1 \frac{\partial p}{\partial x} + \eta \left(\frac{\partial^2 w_x}{\partial x^2} + \frac{\partial^2 w_x}{\partial y^2} + \frac{\partial^2 w_x}{\partial z^2} \right) - n_1 \frac{\eta}{K_1} w_x \tag{7.17}$$

$$= \frac{\rho}{n_1} \left(w_x \frac{\partial w_x}{\partial x} + w_y \frac{\partial w_x}{\partial y} + w_z \frac{\partial w_x}{\partial z} \right)$$

与前述化简式（7.13）方式一样，化简式（7.17）可得

$$\eta \frac{\mathrm{d}^2 w_x}{\mathrm{d} y^2} - n_1 \frac{\eta}{K_1} w_x + n_1 \frac{\Delta p}{L} + \gamma_w n_1 \sin\theta = 0 \tag{7.18}$$

求解式（7.18）微分方程，得到细粒层渗流流速表达式：

$$w_x = C_1 \mathrm{e}^{\sqrt{n_1/K_1} \cdot y} + C_2 \mathrm{e}^{-\sqrt{n_1/K_1} \cdot y} + \frac{(\Delta p + \gamma_w L \sin\theta) K_1}{L \eta} \tag{7.19}$$

式中：C_1 和 C_2 为待求系数；其余符号意义同前。

7.4.1.3　边界条件及解析解

由图 7.1 示意的数学模型可知，求解 w_x 和 u_x 时，满足以下边界条件：

（1）当 $y = -(H-b)/2$ 时，$\mathrm{d} w_x / \mathrm{d} y = 0$。

（2）交界处满足速度相等、剪应力连续，即当 $y = 0$ 时，$u_x = w_x$ 和 $\mathrm{d} w_x / (n_2 \mathrm{d} y) = \mathrm{d} u_x / (n_1 \mathrm{d} y)$。

（3）当 $y = b/2$ 时，$\mathrm{d} u_x / \mathrm{d} y = 0$。

将以上边界条件代入式（7.18）和式（7.19）得到如下方程组：

$$
\begin{cases}
C_1 = C_2 e^{\sqrt{n_1/K_1}\,\cdot\,(H-b)} \\[2mm]
C_1 + C_2 + \dfrac{(\Delta p + \gamma_{\mathrm{w}} L \sin\theta) K_1}{L\eta} = B_1 + B_2 + \dfrac{(\Delta p + \gamma_{\mathrm{w}} L \sin\theta) K_2}{L\eta} \\[3mm]
\dfrac{1}{\sqrt{n_1 K_1}}(C_1 - C_2) = \dfrac{1}{\sqrt{n_2 K_2}}(B_1 - B_2) \\[3mm]
B_2 = B_1 e^{\sqrt{n_2/K_2}\,\cdot\,b}
\end{cases}
\tag{7.20}
$$

式中：B_1、B_2、C_1、C_2 为待求系数；其余符号意义同前。

采用 Gauss 消元法求解式（7.20），得到

$$
\begin{cases}
B_1 = \dfrac{(\Delta p + \gamma_{\mathrm{w}} L \sin\theta)(K_2 - K_1)\sqrt{K_2 n_2}\,[e^{\sqrt{n_1/K_1}\,\cdot\,(H-b)} - 1]}{L\eta\left\{\sqrt{K_1 n_1}\,(1 - e^{\sqrt{n_2/K_2}\,\cdot\,b})[1 + e^{\sqrt{n_1/K_1}\,\cdot\,(H-b)}] - \sqrt{K_2 n_2}\,[e^{\sqrt{n_1/K_1}\,\cdot\,(H-b)} - 1](1 + e^{\sqrt{n_2/K_2}\,\cdot\,b})\right\}} \\[5mm]
B_2 = \dfrac{(\Delta p + \gamma_{\mathrm{w}} L \sin\theta)(K_2 - K_1)\sqrt{K_2 n_2}\,[e^{\sqrt{n_1/K_1}\,\cdot\,(H-b)} - 1]e^{\sqrt{n_2/K_2}\,\cdot\,b}}{L\eta\left\{\sqrt{K_1 n_1}\,(1 - e^{\sqrt{n_2/K_2}\,\cdot\,b})[1 + e^{\sqrt{n_1/K_1}\,\cdot\,(H-b)}] - \sqrt{K_2 n_2}\,[e^{\sqrt{n_1/K_1}\,\cdot\,(H-b)} - 1](1 + e^{\sqrt{n_2/K_2}\,\cdot\,b})\right\}} \\[5mm]
C_1 = \dfrac{(\Delta p + \gamma_{\mathrm{w}} L \sin\theta)(K_2 - K_1)\sqrt{K_1 n_1}\,(1 - e^{\sqrt{n_2/K_2}\,\cdot\,b})e^{\sqrt{n_1/K_1}\,\cdot\,(H-b)}}{L\eta\left\{\sqrt{K_1 n_1}\,(1 - e^{\sqrt{n_2/K_2}\,\cdot\,b})[1 + e^{\sqrt{n_1/K_1}\,\cdot\,(H-b)}] - \sqrt{K_2 n_2}\,[e^{\sqrt{n_1/K_1}\,\cdot\,(H-b)} - 1](1 + e^{\sqrt{n_2/K_2}\,\cdot\,b})\right\}} \\[5mm]
C_2 = \dfrac{(\Delta p + \gamma_{\mathrm{w}} L \sin\theta)(K_2 - K_1)\sqrt{K_1 n_1}\,(1 - e^{\sqrt{n_2/K_2}\,\cdot\,b})}{L\eta\left\{\sqrt{K_1 n_1}\,(1 - e^{\sqrt{n_2/K_2}\,\cdot\,b})[1 + e^{\sqrt{n_1/K_1}\,\cdot\,(H-b)}] - \sqrt{K_2 n_2}\,[e^{\sqrt{n_1/K_1}\,\cdot\,(H-b)} - 1](1 + e^{\sqrt{n_2/K_2}\,\cdot\,b})\right\}}
\end{cases}
\tag{7.21}
$$

分析式（7.21）中的系数 B_1、B_2、C_1、C_2 发现，对于实际裂隙土体，$e^{\sqrt{n_1/K_1}\,\cdot\,(H-b)}$ 和 $e^{\sqrt{n_2/K_2}\,\cdot\,b}$ 量级都很大，均可视为正无穷大，于是有

$$
\frac{e^{\sqrt{n_1/K_1}\,\cdot\,(H-b)} - 1}{e^{\sqrt{n_1/K_1}\,\cdot\,(H-b)} + 1} \approx 1
\tag{7.22}
$$

$$
\frac{e^{\sqrt{n_2/K_2}\,\cdot\,b} - 1}{e^{\sqrt{n_2/K_2}\,\cdot\,b} + 1} \approx 1
\tag{7.23}
$$

将式（7.22）和式（7.23）代入式（7.21），化简可得

$$
\begin{cases}
B_1 = \dfrac{(\Delta p + \gamma_{\mathrm{w}} L \sin\theta)(K_2 - K_1)\sqrt{K_2 n_2}}{L\eta\left[\sqrt{K_1 n_1}\,(1 - e^{\sqrt{n_2/K_2}\,\cdot\,b}) - \sqrt{K_2 n_2}\,(1 + e^{\sqrt{n_2/K_2}\,\cdot\,b})\right]} \\[5mm]
B_2 = \dfrac{(\Delta p + \gamma_{\mathrm{w}} L \sin\theta)(K_2 - K_1)\sqrt{K_2 n_2}\,e^{\sqrt{n_2/K_2}\,\cdot\,b}}{L\eta\left[\sqrt{K_1 n_1}\,(1 - e^{\sqrt{n_2/K_2}\,\cdot\,b}) - \sqrt{K_2 n_2}\,(1 + e^{\sqrt{n_2/K_2}\,\cdot\,b})\right]} \\[5mm]
C_1 = \dfrac{(\Delta p + \gamma_{\mathrm{w}} L \sin\theta)(K_2 - K_1)\sqrt{K_1 n_1}\,e^{\sqrt{n_1/K_1}\,\cdot\,(H-b)}}{L\eta\left\{\sqrt{K_1 n_1}\,[1 + e^{\sqrt{n_1/K_1}\,\cdot\,(H-b)}] + \sqrt{K_2 n_2}\,[e^{\sqrt{n_1/K_1}\,\cdot\,(H-b)} - 1]\right\}} \\[5mm]
C_2 = \dfrac{(\Delta p + \gamma_{\mathrm{w}} L \sin\theta)(K_2 - K_1)\sqrt{K_1 n_1}}{L\eta\left\{\sqrt{K_1 n_1}\,[1 + e^{\sqrt{n_1/K_1}\,\cdot\,(H-b)}] + \sqrt{K_2 n_2}\,[e^{\sqrt{n_1/K_1}\,\cdot\,(H-b)} - 1]\right\}}
\end{cases}
\tag{7.24}
$$

将式（7.24）代入式（7.16）和式（7.19），得到粗粒层和细粒层中流体表达式：

$$u_x = \frac{(\Delta p + \gamma_w L \sin\theta)(K_2 - K_1)\sqrt{K_2 n_2}}{L\eta\left[\sqrt{K_1 n_1}(1 - e^{\sqrt{n_2/K_2}\cdot b}) - \sqrt{K_2 n_2}(1 + e^{\sqrt{n_2/K_2}\cdot b})\right]} e^{\sqrt{n_2/K_2}\cdot y}$$

$$+ \frac{(\Delta p + \gamma_w L \sin\theta)(K_2 - K_1)\sqrt{K_2 n_2}\,e^{\sqrt{n_2/K_2}\cdot b}}{L\eta\left[\sqrt{K_1 n_1}(1 - e^{\sqrt{n_2/K_2}\cdot b}) - \sqrt{K_2 n_2}(1 + e^{\sqrt{n_2/K_2}\cdot b})\right]} e^{-\sqrt{n_2/K_2}\cdot y} \quad (7.25)$$

$$+ \frac{K_2(\Delta p + \gamma_w L \sin\theta)}{L\eta}$$

$$w_x = \frac{(\Delta p + \gamma_w L \sin\theta)(K_2 - K_1)\sqrt{K_1 n_1}\,e^{\sqrt{n_1/K_1}\cdot(H-b)}}{L\eta\left\{\sqrt{K_1 n_1}\left[1 + e^{\sqrt{n_1/K_1}\cdot(H-b)}\right] + \sqrt{K_2 n_2}\left[e^{\sqrt{n_1/K_1}\cdot(H-b)} - 1\right]\right\}} e^{\sqrt{n_1/K_1}\cdot y}$$

$$+ \frac{(\Delta p + \gamma_w L \sin\theta)(K_2 - K_1)\sqrt{K_1 n_1}}{L\eta\left\{\sqrt{K_1 n_1}\left[1 + e^{\sqrt{n_1/K_1}\cdot(H-b)}\right] + \sqrt{K_2 n_2}\left[e^{\sqrt{n_1/K_1}\cdot(H-b)} - 1\right]\right\}} e^{-\sqrt{n_1/K_1}\cdot y}$$

$$+ \frac{K_1(\Delta p + \gamma_w L \sin\theta)}{L\eta} \quad (7.26)$$

当土层处于水平状时，即 $\theta = 0°$，式（7.25）和式（7.26）简化为

$$u_x = \frac{(K_2 - K_1)\Delta p\sqrt{K_2 n_2}}{L\eta\left[\sqrt{K_1 n_1}(1 - e^{\sqrt{n_2/K_2}\cdot b}) - \sqrt{K_2 n_2}(1 + e^{\sqrt{n_2/K_2}\cdot b})\right]} e^{\sqrt{n_2/K_2}\cdot y}$$

$$+ \frac{(K_2 - K_1)\Delta p\sqrt{K_2 n_2}\,e^{\sqrt{n_2/K_2}\cdot b}}{L\eta\left[\sqrt{K_1 n_1}(1 - e^{\sqrt{n_2/K_2}\cdot b}) - \sqrt{K_2 n_2}(1 + e^{\sqrt{n_2/K_2}\cdot b})\right]} e^{-\sqrt{n_2/K_2}\cdot y} + \frac{K_2 \Delta p}{L\eta}$$

$$(7.27)$$

$$w_x = \frac{(K_2 - K_1)\Delta p\sqrt{K_1 n_1}\,e^{\sqrt{n_1/K_1}\cdot(H-b)}}{L\eta\left\{\sqrt{K_1 n_1}\left[1 + e^{\sqrt{n_1/K_1}\cdot(H-b)}\right] + \sqrt{K_2 n_2}\left[e^{\sqrt{n_1/K_1}\cdot(H-b)} - 1\right]\right\}} e^{\sqrt{n_1/K_1}\cdot y}$$

$$+ \frac{(K_2 - K_1)\Delta p\sqrt{K_1 n_1}}{L\eta\left\{\sqrt{K_1 n_1}\left[1 + e^{\sqrt{n_1/K_1}\cdot(H-b)}\right] + \sqrt{K_2 n_2}\left[e^{\sqrt{n_1/K_1}\cdot(H-b)} - 1\right]\right\}} e^{-\sqrt{n_1/K_1}\cdot y} + \frac{K_1 \Delta p}{L\eta}$$

$$(7.28)$$

7.4.1.4　等效渗透系数分析

通过积分可以得到复合土体的平均流速 $\overline{v}$，即

$$\overline{v} = \frac{\displaystyle\int_{-\frac{H-b}{2}}^{0} w_x \, \mathrm{d}y + \int_{0}^{\frac{b}{2}} u_x \, \mathrm{d}y}{H/2}$$

$$= \frac{C_2\sqrt{K_1 n_1}\left[e^{\sqrt{K_1/n_1}\cdot(H-b)} - 1\right] - B_1\sqrt{K_2 n_2}\left[1 - e^{\sqrt{K_2/n_2}\cdot b}\right] + \dfrac{\Delta p}{2L\eta}\left[K_1(H-b) + K_2 b\right]}{H/2}$$

$$(7.29)$$

将式 (7.24) 中的系数 B_1、C_2 代入式 (7.29)，化简得

$$\bar{v}=\frac{1}{H}\left\{\frac{-2(K_2-K_1)^2\Delta p}{L\eta(\sqrt{n_1K_1}+\sqrt{n_2K_2})}+\frac{\Delta p}{L\eta}\left[K_1(H-b)+K_2b\right]\right\} \quad (7.30)$$

基于 Darcy 定律 $k_f=\bar{v}/i$，可求出深厚覆盖层的等效渗透系数 k_f：

$$k_f=\frac{\gamma_w}{H\eta}\left[\frac{-2(K_1-K_2)^2}{\sqrt{n_1K_1}+\sqrt{n_2K_2}}+K_1(H-b)+K_2b\right] \quad (7.31)$$

结合渗透率 K_f 与渗透系数 k_f 关系 $K_f=k_f\eta/\gamma_w$，可得到复合土体的等效渗透率：

$$K_f=\frac{1}{H}\left[\frac{-2(K_1-K_2)^2}{\sqrt{n_1K_1}+\sqrt{n_2K_2}}+K_1(H-b)+K_2b\right]$$

$$(7.32)$$

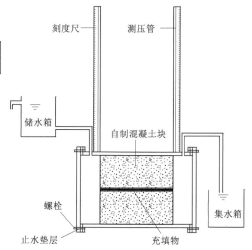

7.4.1.5 室内试验验证

参照上一节的试验方法开展复合岩体渗流试验，复合岩体渗流试验中设置两种粗粒层厚度，分别为 10mm 和 20mm。首先在模型箱中间固定一个厚度为 10mm 或 20mm 的泡沫板，再浇筑混凝土。待混凝土凝固满足要求后，连接如图 7.2 试验装置。渗透试验中，首先测定混凝土的渗透系数，待渗流稳定后开始记录，测试结果列于表 7.16。

图 7.2 周期性互层状介质等效渗透试验示意图

表 7.16 混凝土块渗透试验结果

编号	渗径长度 L/cm	过水面积 A/cm²	水头差 H/cm	时间 t/s	体积 V/cm³	渗透系数 k_i/(10^{-4} cm/s)	渗透率 K_i/(10^{-9} cm²)	平均渗透率 K_{1a}/(10^{-9} cm²)
1	20	380	21	2960	600	5.08	5.23	4.94
			22	3105	650	5.01	5.16	
			20	3062	500	4.30	4.43	
2	20	380	23	2253	700	7.11	7.32	7.48
			20	2163	600	7.30	7.52	
			25	2565	900	7.39	7.61	
3	20	360	25	3547	600	3.76	3.87	3.98
			23	3663	600	3.96	4.08	
			24	3588	600	3.87	3.99	

待混凝土试块渗透试验完成后，取出试块间的泡沫板，形成含贯通裂缝岩体。选用事先准备好的河砂对贯通裂缝进行填充，此时在混凝土块两侧安装透水板，控制砂的干密度为 1.614kg/cm³。再次按要求连接如图 7.2 所示试验装置开展周期性互层状介质渗透试验，待渗流稳定后开始记录，试验结果见表 7.17。

表 7.17　　　　　　　　　周期性互层状介质等效渗透试验结果

编号	渗径长度 L/cm	过水面积 A/cm^2	渗流量 Q/cm^3	水头差 $\Delta h/\mathrm{cm}$	时间 t/s	渗透系数 $k_i/(10^{-4}\mathrm{cm/s})$	平均渗透系数 $k_{试}/(10^{-4}\mathrm{cm/s})$
1	20	400	400	11.4	2962	5.92	6.49
			450	11.8	2606	7.32	
			500	12.4	3243	6.22	
2	20	400	700	12.7	2965	9.29	9.21
			680	12.4	3189	8.60	
			660	12.0	2823	9.74	
3	20	400	550	12.7	2896	7.48	7.66
			600	12.6	3272	7.28	
			650	12.5	3166	8.21	

　　试验完成后，轻轻取出试块，将其制作成 3 组尺寸为 5cm×5cm×5cm 试样，测定试样的孔隙率。试验结果见表 7.18。

表 7.18　　　　　　　　　混凝土试块的孔隙率测试结果

编　号	试块体积 $V/(10^{-4}\mathrm{m}^3)$	饱水质量 m_{sat}/kg	烘干质量 m_d/kg	孔隙率 $n_t/\%$	平均孔隙率 $n_1/\%$
1	1.25	284.08	282.39	1.7	$n_1=(1.7+1.9)/2=1.8$
	1.25	283.41	281.50	1.9	
2	1.25	281.20	278.51	2.7	$n_1=(2.7+2.3)/2=2.5$
	1.25	280.51	278.20	2.3	
3	1.25	284.39	283.08	1.3	$n_1=(1.3+1.9)/2=1.6$
	1.25	285.39	283.50	1.9	

　　通过试验测试，得到混凝土的渗透率 K_1 和孔隙率 n_1 以及充填物的渗透率 K_2 和孔隙率 n_2，将这些参数和模型试验中的特征尺寸代入理论公式，可以得到基于理论推求获得的复合岩体等效渗透系数 k_f。将试验值与理论值列于表 7.19 中。

表 7.19　　　　　　　　　理论值与试验值分析表

序号	H /cm	B /cm	K_1 /cm²	n_1 /%	K_2 /cm²	n_2 /%	k_f /(cm/s)	$k_{试}$ /(cm/s)	误差 /%
1	20	1	4.94×10^{-9}	1.8	3.54×10^{-8}	39.0	6.28×10^{-4}	6.49×10^{-4}	3.24
2	20	1	7.48×10^{-9}	2.5	3.54×10^{-8}	39.0	8.62×10^{-4}	9.21×10^{-4}	6.41
3	20	2	3.98×10^{-9}	1.6	3.54×10^{-8}	39.0	6.92×10^{-4}	7.66×10^{-4}	9.66

　　由表 7.19 可知，理论值与试验值之间虽然有一定误差，但是误差较小。同时，从表 7.19 中数据可以看出，充填物的渗透率 K_2 和孔隙率 n_2 对整体渗透系数有明显的影响。经分析，试验值与理论值之间的误差可能来源于：①试验无法做到准确模拟理论模型

的基本假设条件以及边界条件，如裂缝无限延伸、天然岩体边界条件、多孔介质的均匀性；②试验时裂缝充填的密实度与测定平均渗透系数时的密实度存在一定的充填误差。

7.4.2　含漂砾覆盖层流场特征与等效渗透特性评价

7.4.2.1　理论模型

土体中往往存在嵌入卵石等情况，这些卵石类似于不透水球体，对土体的渗透有较大影响。据此概化出嵌入不透水球体复合多孔介质渗流模型，求解饱和传导区中嵌入不透水球体渗流场，并得出等效的渗透系数。

对于各类球体流体的绕流问题，学者们进行了大量深入而卓有成效的研究。Deo 等（2002，2003，2009）对长椭球的滑流（slip flow）与 Stokes 流问题进行分析，并计算得出 Mehta-Morse 边界条件下扁椭球所受拖曳力。Jaiswal 等（2015）研究了 Newton 流体绕流特殊球体问题，此球体含有可渗透的外壳，内部充满非 Newton 流体，通过吻合各边界条件和无穷远流速均匀条件，求解出流量函数。Srivastava 等（2005）对低速不可压缩流体渗流与绕流球体问题进行研究，通过对流场分区分别采用 Brinkman 方程、Stokes 解、Oseen 解控制，求解出流场的速度与压力分布以及球体所受拖曳力。Yadav 等（2012）分析了嵌入畸形球体复合多孔介质渗流问题；Grosan 等（2009）基于 Brinkman 模型，以嵌入球体复合多孔介质为研究对象，分析研究了二维稳态不可压缩流体下此复合介质的渗流，得到了渗流场半解析解。

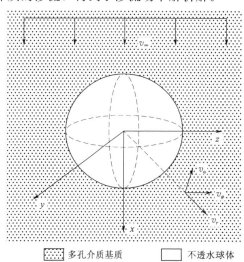

如图 7.3 所示，在球坐标系下建立分析模型。因为球体是对称体，流动边界条件也同样对称，所以选取球体沿对称轴的剖面来进行分析。图 7.3 中的渗流方向为垂直向下，将坐标原点置于球体球心，球坐标系中 $\alpha=0$ 所指方向与垂向重合，α 方向分量正向为逆时针增大方向。

为了简化计算，对嵌入不透水球体复合多孔介质渗流问题，作出如下假设：①水流不可压缩；②水流绕球体为定常对称流动；③多孔介质各向同性；④水流的动力黏度为常数；⑤渗流为饱和渗流；⑥渗流雷诺数 $Re=2V_{\infty}\rho a/\mu \ll 1$，为小雷诺数低速流动，$a$ 为球体直径。

　　□□□ 多孔介质基质　　□ 不透水球体

图 7.3　嵌入不透水球体复合介质分析模型

7.4.2.2　坐标下多孔介质渗流运动方程

因为渗流场的边界条件为轴对称，所以渗流场同样呈对称分布，则有：

$$\begin{cases} v_r=v_r(r,\alpha) \\ v_a=v_a(r,\alpha) \\ v_\varphi=0 \\ p=p(r,\alpha) \end{cases} \qquad (7.33)$$

式中：v_r、v_a、v_φ 分别为渗流流速在 r 方向（径向）、α 方向（俯仰角方向）和水平面上的分量；p 为压强，kPa。

不可压缩流体连续性方程在球坐标系中的表达式写为

$$\frac{\partial}{\partial r}(v_r r^2 \sin\alpha) + \frac{\partial}{\partial \alpha}(v_a \sin\alpha) + \frac{\partial}{\partial \varphi}(r v_\varphi) = 0 \tag{7.34}$$

将式（7.33）代入式（7.34）得到球坐标系下此复合介质渗流连续性方程：

$$\frac{\partial v_r}{\partial r} + \frac{1}{r} \cdot \frac{\partial v_a}{\partial \alpha} + \frac{2 v_r}{r} + \frac{v_a \cot\alpha}{r} = 0 \tag{7.35}$$

多孔介质的渗流运动用 B-D 方程描述。B-D 方程在直角坐标系下表达为

$$\frac{\rho}{n^*}(\boldsymbol{v} \cdot \nabla)\boldsymbol{v} = n^* \rho f - n^* \nabla p + \mu \nabla^2 \boldsymbol{v} - \frac{n^* \mu}{k^*} \boldsymbol{v} \tag{7.36}$$

式中：k^* 为复合多孔介质的渗透率；n^* 为复合多孔介质的孔隙率，无量纲；μ 为渗流流体的动力黏滞系数；ρ 为渗流流体密度；f 为质量力（重力）；v 为渗流流体在 x、y、z 三个坐标轴方向的渗流速度矢量；$(\boldsymbol{v} \cdot \nabla)$ 为迁移导数；∇ 为 Hamilton 算符，表示矢量对各个方向一阶偏导并求和。

参照林鑫等（2006）求解式（7.36）在球坐标系中的表达。于是，得到 r 方向和 α 方向不可压缩流体的运动微分方程：

$$\rho\left(\frac{\mathrm{d}v_r}{\mathrm{d}t} - \frac{v_a^2 + v_n^2}{r}\right) = \rho f_r - \frac{\partial p}{\partial r} + \frac{\mu}{k^*} v_r + \mu\left[\nabla^2 v_r - \frac{2 v_r}{r^2} - \frac{2}{r^2 \sin\alpha}\frac{\partial(v_a \sin\alpha)}{\partial \alpha} - \frac{2}{r^2 \sin\alpha}\frac{\partial v_\varphi}{\partial \varphi}\right] \tag{7.37}$$

$$\rho\left(\frac{\mathrm{d}v_a}{\mathrm{d}t} + \frac{v_r v_a}{r} - \frac{v_n^2 \cot\alpha}{r}\right) = \rho f_a - \frac{1}{r}\frac{\partial p}{\partial \alpha} + \frac{\mu}{k^*} v_a + \mu\left(\nabla^2 v_a + \frac{2}{r^2}\frac{\partial v_r}{\partial v_a} - \frac{v_a}{r^2 \sin\alpha} - \frac{2}{r^2 \sin^2\alpha}\frac{\partial v_\varphi}{\partial \varphi}\right) \tag{7.38}$$

式中：f_r 和 f_a 分别为重力在 r 方向和 α 方向的分量，且 $f_r = \rho g \cos\alpha$、$f_a = -\rho g \sin\alpha$；∇^2 为 Laplace 算子，表示矢量对各个方向二阶偏导并求和。

关于低雷诺数流体绕球体流动问题，Stokes 认为可忽略流体的惯性力项。Oseen 对 Stokes 所忽略的惯性力项进行分析，发现考虑惯性力所得的 Oseen 解与 Stokes 得到的经典解在球体附近区域差距很小（林建忠等，2013）。因此，为简化计算，忽略式（7.37）和式（7.38）的惯性力项。因为水的动力黏度很小，所以可忽略式（7.37）和式（7.38）的黏性力项。于是，得到嵌入不透水球体复合多孔介质的渗流运动微分方程：

$$\rho g \cos\alpha - \frac{\mathrm{d}p}{\mathrm{d}r} - \frac{\mu}{k^*} v_r = 0 \tag{7.39}$$

$$\rho g \sin\alpha + \frac{1}{r}\frac{\mathrm{d}p}{\mathrm{d}\alpha} + \frac{\mu}{k^*} v_a = 0 \tag{7.40}$$

7.4.2.3 渗流场求解

边界条件有球面无滑移条件和无穷远处均匀流条件。对于球面无滑移条件，当 $r = a$ 时，渗流在径向和俯仰角方向的速度分量为 0，即：

$$v_r = v_a = 0 \tag{7.41}$$

无穷远处均匀来流条件，有：当 r 趋于无穷大时，流场压强趋于一个常数 p_∞。将

$p = p_\infty$ 代入式 (7.39) 和式 (7.40)，可得

$$\begin{cases} v_r = v_\infty \cos\alpha \\ v_a = -v_\infty \sin\alpha \end{cases} \tag{7.42}$$

式 (7.42) 中，$v_\infty = \rho g k^* / \mu$。

对以上边值问题采用分离变量法进行求解。根据边界条件形式，可以推断式 (7.39) 和式 (7.40) 解的形式应为

$$\begin{cases} v_r = f(r)F(\alpha) \\ v_a = j(r)J(\alpha) \\ p = h(r)H(\alpha) + p_\infty \end{cases} \tag{7.43}$$

根据边界条件，为满足式 (7.39) 和式 (7.40)，可令

$$\begin{cases} F(\alpha) = \cos\alpha \\ J(\alpha) = -\sin\alpha \end{cases} \tag{7.44}$$

将式 (7.44) 代入式 (7.43) 有

$$\begin{cases} v_r = f(r)\cos\alpha \\ v_a = -j(r)\sin\alpha \end{cases} \tag{7.45}$$

可得出函数 $f(r)$、$j(r)$ 和 $h(r)$ 的边界条件为

$$\begin{cases} f(a) = j(a) = 0 \\ f(\infty) = j(\infty) = v_\infty \\ h(\infty) = 0 \end{cases} \tag{7.46}$$

将式 (7.46) 代入前面相应公式得出

$$\cos\alpha \left\{ f'(r) + \frac{2}{r}[f(r) - j(r)] \right\} = 0 \tag{7.47}$$

$$\rho g \cos\alpha - H(\alpha)h'r - \frac{\mu}{k^*}f(r)\cos\alpha = 0 \tag{7.48}$$

$$\rho g \sin\alpha + \frac{1}{r}h(r)H'(\alpha) - \frac{\mu}{k^*}j(r)\sin\alpha = 0 \tag{7.49}$$

由式 (7.47)~式 (7.49) 可以推断出 $H(\alpha) = \cos\alpha$，并得到以下的常微分方程组：

$$\begin{cases} f'(r) + \frac{2}{r}[f(r) - j(r)] = 0 \\ h'(r) = \rho g - \frac{\mu}{k^*}f(r) \\ h(r) = -\frac{\mu}{k^*}j(r)r + \rho g r \end{cases} \tag{7.50}$$

求解方程组式 (7.50) 得到 $f(r)$ 的常微分方程：

$$f''(r) + \frac{4}{r}f'(r) = 0 \tag{7.51}$$

解得常微分方程式 (7.51) 的通解为

$$f(r) = \frac{C_1}{r^3} + C_2 \tag{7.52}$$

将式（7.52）代入式（7.51）可得

$$
\begin{cases}
C_2 = v_\infty \\
C_1 = -a^3 v_\infty
\end{cases}
\tag{7.53}
$$

将式（7.53）代入式（7.52）得出函数 $f(r)$ 的表达式：

$$
f(r) = v_\infty \left(1 - \frac{a^3}{r^3}\right)
\tag{7.54}
$$

将式（7.54）代入式（7.51）可得函数 $j(r)$ 的表达式：

$$
j(r) = v_\infty \left(1 + \frac{a^3}{2r^3}\right)
\tag{7.55}
$$

将式（7.55）代入式（7.50），并利用边界条件 $h(\infty)=0$ 得出 $h(r)$ 的表达式：

$$
h(r) = -\frac{\rho g a^3}{2r^2}
\tag{7.56}
$$

利用式（7.54）～式（7.56），结合 $H(\theta)=\cos\theta$，可得出地下水在复合介质中渗流场的解析解，见式（7.57）：

$$
\begin{cases}
v_r = v_\infty \cos\alpha \left(1 - \frac{a^3}{r^3}\right) = \frac{\rho g k^* \cos\alpha}{\mu}\left(1 - \frac{a^3}{r^3}\right) \\[2mm]
v_a = -v_\infty \sin\alpha \left(1 + \frac{a^3}{2r^3}\right) = \frac{\rho g k^* \cos\alpha}{\mu}\left(1 + \frac{a^3}{2r^3}\right) \\[2mm]
p = -\frac{\rho g a^3}{2r^2}\cos\alpha + p_\infty
\end{cases}
\tag{7.57}
$$

7.4.2.4　渗透性分析

选取一个高为 $2h$、底面半径为 l 的圆柱单元进行分析。将一个半径为 a 的不透水球体嵌入在圆柱中心，渗流方向在无穷远处为竖直向下，如图 7.4 所示。沿竖直方向将渗流速度进行分解，并将渗流速度在空间积分以求解竖向平均流速。由于渗流场与球体均对称，且流场不存在 φ 方向（环向）的分量，故对四分之一球体取平面进行分析。

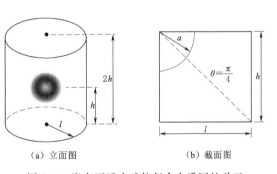

（a）立面图　　　　（b）截面图

图 7.4　嵌有不透水球体复合介质圆柱单元

将速度分量 v_r 和 v_θ 投影至 $\alpha=0$ 方向，求得竖直向下的速度 u：

$$
u = v_\infty + v_\infty \frac{a^3}{r^3}\left(\frac{1}{2}\sin^2\alpha - \cos^2\alpha\right)
\tag{7.58}
$$

对圆柱单元中的竖向流速 u 积分在空间积分并平均，求得竖向 Darcy 流速。因为渗流场与圆柱单元均为关于过球心的平面对称，所以将 u 在平面上积分并平均可得 Darcy 流平均流速：

$$v = \frac{\int_A u\,dA}{lh} = \frac{1}{lh}\left(\int_0^{\frac{\pi}{4}}\int_a^{\frac{l}{\cos\alpha}} ur\,dr\,d\alpha + \int_{\frac{\pi}{4}}^{\frac{\pi}{2}}\int_a^{\frac{h}{\sin\alpha}} ur\,dr\,d\alpha\right) \tag{7.59}$$

将式（7.58）代入式（7.59）得到圆柱单元的竖向平均流速为

$$v = v_\infty\left[\frac{4(h^2+l^2)-3\pi a^2}{8hl} + \frac{(3\sqrt{2}h-\sqrt{2}l)a^2}{8h^2 l}\right] \tag{7.60}$$

根据 Darcy 定律，对于远离球体位置：

$$v_\infty = k_i \tag{7.61}$$

将式（7.61）代入式（7.60）得

$$v = \left[\frac{4(h^2+l^2)-3\pi a^2}{8hl} + \frac{(3\sqrt{2}h-\sqrt{2}l)a^2}{8h^2 l}\right]k_i \tag{7.62}$$

将式（7.62）与 Darcy 定律对比，可得出嵌入不透水球体复合多孔介质的渗透系数为

$$k_E = \left[\frac{4(h^2+l^2)-3\pi a^2}{8hl} + \frac{(3\sqrt{2}h-\sqrt{2}l)a^2}{8h^2 l}\right]k \tag{7.63}$$

当多孔介质尺寸无限大，即 $l\to\infty$、$h\to\infty$ 时，此时不透水球体对多孔介质渗流影响可以忽略不计，等效渗透系数近似等于多孔介质基质的渗透系数。由式（7.63）有 $l\to\infty$、$h\to\infty$、$k_E\to k$，这在一定程度上验证了嵌入不透水球体多孔介质渗透系数的正确性。

当 $l=h$ 时，有

$$k_E = \left(1 - \frac{3\pi a^2}{8l^2} + \frac{\sqrt{2}a^3}{4l^3}\right)k \tag{7.64}$$

球体与多孔介质的相对尺寸是影响复合介质等效渗透系数的最主要因素。复合多孔介质等效渗透系数与基质渗透系数的比值见表 7.20。可以看出当 $l=6a$ 时，等效渗透系数与多孔介质基质的渗透系数比值为 0.97，此时因为不透水球体的存在而对多孔介质渗透性的影响已经很小了。

表 7.20　　　　　　　复合多孔介质等效渗透系数与基质渗透系数的比值

l	k_E/k	l	k_E/k
$2a$	0.74	$5a$	0.96
$3a$	0.88	$6a$	0.97
$4a$	0.93		

7.4.2.5　试验验证

根据《土工试验方法标准》（GB/T 50123—1999）进行试验，试验装置如图 7.5 所示。试验装置的主体部分是由有机玻璃制成的上端开口的直立圆筒，然后将碎石放在圆筒下部作为垫层，并将一块多孔滤板固定在碎石上面，最后将级配良好的粗砂放置在滤板上面，将不透水球体放置在试样中央。圆筒的侧壁装有两支测压管，分别位于土样的过水断面处。从上端进水管将水注入圆筒，并利用溢水管保持筒内水位恒定。渗流从圆筒下方装有控制阀门的弯管流入量筒。

待渗流稳定时，进行测量。记录开始时的时间 t_1 和右侧的测压管水头高度 h_1、h_2，

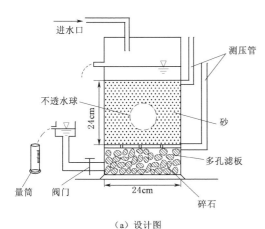

（a）设计图 （b）试验图

图7.5 嵌入不透水球体复合介质渗流试验装置

结束时间 t_2 和量筒中的水量 Q。根据式（7.65）求得渗透系数 k_1，试验结果见表7.21。其中不透水球体直径为0表示没有填充球体，所测渗透系数为多孔介质基质渗透系数。

$$k_1 = \frac{QL'}{S(t_2 - t_1)\Delta h} \tag{7.65}$$

式中：Q 为流经圆柱单元的水量，cm^3；L' 为圆柱单元渗径长度，cm；S 为圆柱单元截面积，cm^2；Δh 为圆柱单元两端水头差，cm。

表7.21　　　　　　　　　　试 验 渗 透 系 数

试验序号	不透水球体半径 a/cm	圆柱单元渗径长度 L'/cm	圆柱单元截面积 S/cm^2	两端水头差 Δh/cm	流经流量 Q/cm^3	试验时段 t/s	渗透系数 k_1/(cm/s)	平均渗透系数 k_{a1}/(cm/s)
1	0	24	452	24	460	35	2.91×10^{-2}	
2	0	24	452	26	870	69	2.57×10^{-2}	2.68×10^{-2}
3	0	24	452	21	755	75	2.55×10^{-2}	
4	4	24	452	23	456	45	2.34×10^{-2}	
5	4	24	452	21	330	37	2.26×10^{-2}	2.30×10^{-2}
6	4	24	452	22	562	59	2.30×10^{-2}	
7	6	24	452	26	412	46	1.83×10^{-2}	
8	6	24	452	25	588	65	1.92×10^{-2}	1.88×10^{-2}
9	6	24	452	28	386	39	1.88×10^{-2}	
10	8	24	452	26	358	49	1.49×10^{-2}	
11	8	24	452	25	222	33	1.43×10^{-2}	1.45×10^{-2}
12	8	24	452	23	372	60	1.43×10^{-2}	

开展多孔介质的 Darcy 渗透试验，可以得到多孔介质本身的渗透系数。将多孔介质基质的渗透系数 $k = 2.68 \times 10^{-2}$ cm/s 和不透水球体半径分别代入式（7.65）得理论推求的理论渗透系数。将理论渗透系数与试验渗透系数进行对比，见表7.22。

表 7.22　　　　　　　　　　　　理论与试验渗透系数对比

试验组号	球体半径 a/cm	理论渗透系数 k_{b1}/(cm/s)	试验渗透系数 k_{a1}/(cm/s)
1	0	2.67×10^{-2}	2.68×10^{-2}
2	4	2.35×10^{-2}	2.30×10^{-2}
3	6	1.98×10^{-2}	1.88×10^{-2}
4	8	1.55×10^{-2}	1.45×10^{-2}

由表 7.22 中可以看出，理论渗透系数与试验渗透系数之间差距较小，基本在同一量级。分析可知，误差主要出现在以下方面：

（1）多孔介质基质的渗透系数可能会因为重新填入不透水球体时产生扰动而发生变化。

（2）自制试验仪器的边界为不透水边界，而理论分析边界为透水边界，不透水边界可能会对渗流产生影响，从而影响理论值与试验值的对比。

7.5　小　　结

本章通过资料收集整理，总结了超深覆盖层物理力学参数取值原则。根据物理力学试验研究成果，通过工程类比和历史经验，确定了电站超深覆盖层各层位岩土体物理力学指标，综合给出参数建议值。为覆盖层工程地质问题评价、工程处理方案设计与应用提供了可靠依据。

根据抽水试验、注水试验及同位素渗透系数测试成果，分析了覆盖层渗透特性，评价了覆盖层抗渗性能，结合相关经验公式，给出了覆盖层允许水力坡降建议值。结合深厚覆盖层成层特性，建立了周期性复合地层渗流耦合非线性数学模型，精细评价了复合深厚覆盖层渗透特性，揭示了不同岩组差异渗流界面细观力学效应，实现了不同岩组差异渗流界面力学效应对渗透稳定影响的量化评价。此外，基于覆盖层中存在巨型漂砾情况，建立了多孔介质中存在球状体扰流的分析模型，揭示了不透水球体对渗流场的影响规律，推导了含不透水球体多孔介质的等效渗透系数显式表达，并通过了试验一致性检验。

第8章 超深覆盖层主要工程地质问题

深厚覆盖层上修建高坝可能存在的工程地质问题较多，主要包括坝基渗漏、坝基沉降、孔隙水压力、抗滑稳定、渗透破坏、砂土液化等。

8.1 坝基变形稳定问题

8.1.1 坝基承载力问题

（1）建基面承载力评价。根据大坝填土室内试验，饱和容重为 $20kN/m^3$，则建基面大坝自重产生的附加应力最大为 500kPa，沿河流方向呈等腰三角形分布。根据坝址区深厚覆盖层钻孔，坝址高程 3055m 为覆盖层的第 2 层岩组（含漂石砂卵砾石层 $Q_4^{al} - Sgr_2$），该岩组的承载力为 450～500kPa，大坝最大附加应力大于该岩组的允许承载力，建基面处覆盖层承载力小于工程要求。

（2）覆盖层各深度承载力评价。将库水与大坝荷载进行叠加，根据荷载形式的不同，计算剖面见图 8.1 和图 8.2。覆盖层中产生的附加应力分布见图 8.3。

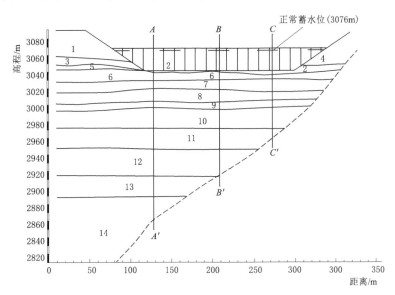

图 8.1 坝轴线地质剖面示意图

$1—Q_4^{al}$；$2—Q_4^{al} - Sgr_2$；$3—Q_4^{al} - Sgr_1$；$4—Q_4^{al} - V$；$5—Q_4^{al} - IV_2$；$6—Q_3^{al} - IV_1$；$7—Q_3^{al} - III$；
$8—Q_3^{al} - II$；$9—Q_3^{al} - I$；$10—Q_2^{fgl} - V$；$11—Q_2^{fgl} - IV$；$12—Q_2^{fgl} - III$；$13—Q_2^{fgl} - II$；$14—Q_2^{fgl} - I$

第 2 层的允许承载力小于最大附加应力，软弱下卧层第 6 层（$Q_3^{al} - IV_1$）和第 8

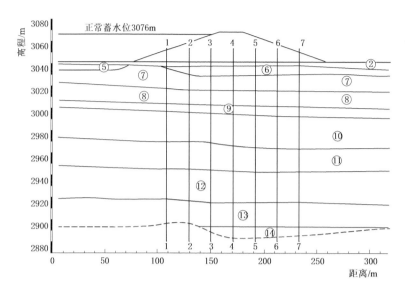

图 8.2　$B - B'$ 剖面沉降计算位置示意图

②—$Q_4^{al} - Sgr_2$；　⑤—$Q_3^{al} - IV_2$；　⑥—$Q_3^{al} - IV_1$；　⑦—$Q_3^{al} - III$；　⑧—$Q_3^{al} - II$；　⑨—$Q_3^{al} - I$；

⑩—$Q_2^{fgl} - V$；　⑪—$Q_2^{fgl} - IV$；　⑫—$Q_2^{fgl} - III$；　⑬—$Q_2^{fgl} - II$；　⑭—$Q_2^{fgl} - I$

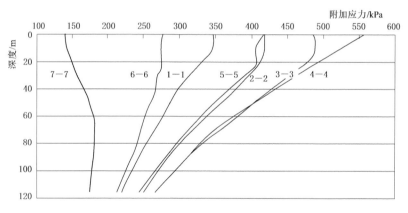

图 8.3　不同剖面位置坝基附加应力分布图

层（$Q_3^{al} - II$）承载力也小于该处附加应力，其余各岩组的附加应力均小于其承载力，故地基加固处理主要针对现代河床部位的第 2 层（$Q_4^{al} - Sgr_2$）、第 6 层（$Q_3^{al} - IV_1$）和第 8 层（$Q_3^{al} - II$）岩组。

8.1.2　沉降变形问题

坝型为砂砾石复合坝，正常运营期间库水压力作用在大坝上游坝坡上，两种荷载叠加后，作用于坝基的压力最大值为 500kPa。坝基附加压力呈轴线位置较大、上下游较小的不规则分布，需要对坝基不均匀沉降变形进行分析。如图 8.1 所示，大坝坝基主要持力层为第 2 层、第 6 层、第 7 层、第 8 层、第 9 层，厚度 70～80m。根据各层物理力学参数对大坝沉降变形进行定性判断。

第 2 层（$Q_4^{al}-Sgr_2$）：含漂石砂卵砾石层。室内试验干密度平均值为 2.10g/cm³，孔隙比 0.30，呈密实状态，压缩系数 0.16MPa⁻¹，为低压缩性土。宏观上判断，该层为第四系新近堆积层，级配差，无架空层，具有一定的密实程度。但其内部夹有不连续、透镜状分布的粉细砂层，在坝体荷载作用下仍具有一定的压缩性，因而会产生一定的沉降变形。由于该层分布厚度相对较小、厚度变化不大、下伏层位较稳定，故不会产生较大的不均匀沉降变形。

第 6 层（$Q_3^{al}-IV_1$）：冲积中细～中粗砂层。该层在整个河床连续分布，为 Q_3 末期堆积层，时代较老，为古河床稳定期河水相对静止条件下形成的冲积层。该层室内试验干密度均值为 1.70g/cm³，相对密度平均值为 0.74，孔隙比为 0.58，呈中密～密实状态。压缩系数 0.12MPa⁻¹，为中等压缩性土。该层顶板在河床部位埋深 6.32～7.88m。地质历史时期，其上部曾经历厚度较大的覆盖层压实（预测厚度大于现设计坝高），使得该层已基本压密。综上所述，初步分析该层在大坝施工和运行中可能会出现一定的沉降变形，但由于该层整体厚度较均一，因此不会产生大的不均匀沉降变形。

第 7 层（$Q_3^{al}-III$）：冲积含块石砂卵砾石层。该层以河流冲积为主，在坝址河床连续稳定分布。室内试验干密度平均值为 1.80g/cm³，相对密度平均值为 0.80，孔隙比为 0.49，呈密实状态，压缩系数 0.08MPa⁻¹，为低压缩性土。该层顶板在坝基部位埋深 13.28～17.77m，密实度相对较好，基本不存在不均匀沉降变形问题。

第 8 层（$Q_3^{al}-II$）：冲积中细砂层。该层为河床稳定期相对静止环境下形成的冲积层，在河床连续稳定分布。室内试验干密度均值为 1.74g/cm³，相对密度平均值为 0.63，孔隙比为 0.55，呈密实状态，压缩系数 0.09MPa⁻¹，为低压缩性土。该层顶板埋深 25.93～29.41m，土体密实度较好，且埋深已接近 1 倍坝高，受坝体载荷影响较小，因此基本不存在沉降变形问题。该层下伏各层埋深较大，不存在不均匀沉降变形问题。

总体认为，砂砾石复合坝地基覆盖层都不存在大的不均匀沉降变形问题。但是，由于坝基右岸下伏基岩顶板沿坝轴线方向向河床（左岸方向）呈 40°倾斜，且覆盖层分层（组）较多、物质成分和结构不均匀，一定深度范围内大坝地基存在"右硬左软"的特性，有可能导致坝基产生不均匀沉降变形。建议对坝基不均匀沉降变形进行复核验算。

8.2 砂 土 液 化 问 题

8.2.1 砂土液化的判别方法

饱水砂土在地震、动力荷载或其他外力作用下，因强烈振动而失去抗剪强度，使砂粒处于悬浮状态，从而导致地基失效的现象称为砂土液化。砂土液化的危害性主要有地面下沉、地表塌陷、地基土承载力丧失、地面流滑等。

饱和无黏性土和少黏性土的振动液化破坏，应根据土层的天然结构、颗粒组成、松密程度、地震前和地震时的受力状态、边界条件和排水条件以及地震历时等因素，结合现场勘察和室内试验综合分析判定。

土的振动液化判定工作可分初判和复判两个阶段。初判应排除不会发生液化的土层，在此基础上对初判可能发生液化的土层进行复判。土的振动液化初判包括年代法、粒径法、地下水位法、剪切波速法等，砂土液化复判包括标准贯入锤击数法、相对密度法、相对含水量法、液性指数法、seed 剪应力对比法、动剪应变幅法、静力触探贯入阻力法等。

本书的依托工程河床覆盖层深厚，分布有不同地质时期 Q_4、Q_3、Q_2 厚度不等的砂层，对工程有影响的砂层主要有第 2 层、第 3 层砂卵砾石层中的薄层砂层透镜体及河床部位（Q_3^{al}-Ⅳ$_1$）及第 8 层（Q_3^{al}-Ⅱ）。按照《水力发电工程地质勘察规范》（GB 50287—2016）中的规定，分别按照年代法、粒径法、剪切波速法进行初判，对可能发生液化的第 6 层（Q_3^{al}-Ⅳ$_1$）及第 8 层（Q_3^{al}-Ⅱ），进一步采用标准贯入锤击数法、相对密度法、seed 剪应力对比法进行了复判。

8.2.2 砂土液化的破坏形式

砂土液化引起的破坏主要有以下四个方面：

（1）涌砂：涌出的砂掩盖农田、压死作物，使沃土盐碱化、砂质化，同时造成河床、渠道、井径筒等淤塞，使农业灌溉设施受到严重损害。

（2）地基失效：随着颗粒间有效正应力降低，地基土层承载能力也迅速下降，特别是砂体呈悬浮状态时地基承载能力完全丧失。这类地基上的建筑物会产生强烈沉陷、倾倒以至倒塌。

（3）滑塌：由于下伏砂层或敏感黏土层震动液化和流动，可引起大规模滑坡。这类滑坡可以产生在极缓，甚至水平的场地。例如，1964 年阿拉斯加地震，安克雷奇市因敏感黏土层中的砂层透镜体液化而产生大滑坡。

（4）地面沉降及地面塌陷：饱水疏松砂因振动而变密，地面也随之下沉，低平的滨海湖平原可因下沉而受到海（湖）及洪水的浸淹，使其不适合作为建筑物地基。例如，1964 年阿拉斯加地震时波特奇市因震陷较大而受海潮浸淹，迫使该市迁址。另外，地下砂体大量涌出地表，使地下部分空间被掏空，通常会导致地面的局部塌陷。例如，1976 年唐山地震时宁河县富庄震后全村下沉 2.6～2.9m，塌陷区边缘出现大量宽 1～2m 的环形裂缝，全村变为池塘。

8.2.3 工程场地设计地震动参数确定

工程区域位于青藏高原南部，区内北东向和北西向断裂构造带活动强烈，其中的北西西向断裂和北北东向断裂晚更新世以来发生强烈走滑活动，是发生大规模地震的断裂构造。例如阿帕龙断裂、里龙断裂等。

近场区内分布有 8 条断层，其中：雪卡-洞比断裂、夺松-比丁断裂等 7 条断裂未见晚第四纪活动迹象，推测为早、中更新世断裂，不具备发生不小于 8 级地震的构造条件。其他断裂错断了晚第四纪地层，但未形成大规模区域性断裂，带内断层规模小、活动强度弱，同样不具备发生不小于 8 级地震的构造条件。

坝址场地周围 5km 范围内未见一定规模的断裂，发生断裂地表破裂的可能性不大。

8.2.3.1 基岩场地设计地震动参数

场地基岩以燕山晚期喜马拉雅期二长花岗岩（γ_3^{5-6}）为主，左岸上游出露有二叠系上统（P_2）。工程场地水平向基岩设计峰值加速度见表 8.1，场地基岩设计标准反应谱见表 8.2。

表 8.1 工程场地水平向基岩设计峰值加速度表

参 数	超 越 概 率			
	50 年 10%	50 年 5%	100 年 2%	100 年 1%
Am/gal	140	202	387	486
K	0.14	0.20	0.39	0.49

表 8.2 场地基岩设计标准反应谱表

超越概率	β_m	T_0	T_1	T_g	C
50 年 10%	2.7	0.04	0.1	0.7	0.9
50 年 5%	2.7	0.04	0.1	0.75	0.9
100 年 2%	2.7	0.04	0.1	0.8	0.9
100 年 1%	2.7	0.04	0.1	0.85	0.9

8.2.3.2 地表场地设计地震动参数

河床及左岸为深厚覆盖层，左岸覆盖层厚 180～360m，右岸 16～50m。该工程推荐坝型为砂砾石复合坝，且项目涉及非壅水建筑的抗震设防，根据场地工程勘察资料，进一步考虑局部场地条件的影响，利用土层地震反应分析计算，给出了水电站工程场地地表设计地震动参数，为工程提供了合理的抗震设防依据。经分析计算，工程场地地表水平向设计地震动参数见表 8.3，场地地表设计标准反应谱特征参数见表 8.4。

表 8.3 工程场地地表水平向设计地震动参数

层 位	参 数	概 率 水 平			
		50 年 10%	50 年 5%	100 年 2%	100 年 1%
地表	Am/gal	206	301	542	673
	K	0.21	0.30	0.54	0.67

表 8.4 场地地表设计标准反应谱特征参数表

概率水平	β_m	T_0/s	T_1/s	T_g/s	C	α_{max}
50 年 10%	2.7	0.04	0.1	0.65	0.9	0.567
50 年 5%	2.7	0.04	0.1	0.7	0.9	0.810
100 年 2%	2.7	0.04	0.1	0.9	0.9	1.458
100 年 1%	2.7	0.04	0.1	0.95	0.9	1.809

8.2.3.3 地震反应谱及加速度时程曲线

图 8.4 为中国地震局地壳应力研究所给出的 50 年超越概率 10% 场地基岩反应谱曲线，该反应谱特征周期为 0.7s，β_{max} 为 2.7。根据《水工建筑物抗震设计规范》（DL 5073—2000），该工程场地为Ⅲ类场地，反应谱特征周期定为 0.4s，β_{max} 可取 2.5。

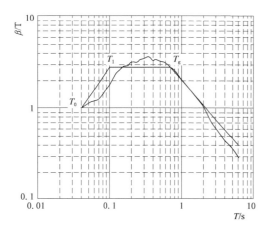

图 8.4 场地基岩设计规准反应谱
（50 年超越概率 10%）

对比两类反应谱可见，规范谱特征周期 T_g 和最大值 β_{max} 均比场地谱参数小，意味着规范谱合成的地震动强度小于场地谱合成的地震动强度。因此，地震动采用场地谱合成波计算的大坝动力反应、动位移以及永久变形等结果，大于采用规范谱合成波的计算结果。为安全起见，计算地震动输入采用场地谱合成地震波，设计地震取基准期 50 年超越概率 10% 地震，校核地震取基准期 50 年超越概率 5% 地震。

图 8.5～图 8.7 为根据场地反应谱合成的 3 条 50 年超越概率 10% 地震加速度的时程曲线。

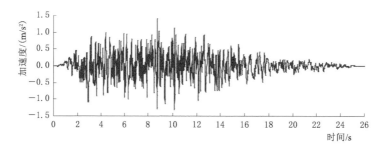

图 8.5 场地基岩地震加速度时程曲线（50 年超越概率 10%，样本 1）

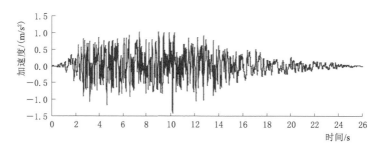

图 8.6 场地基岩地震加速度时程曲线（50 年超越概率 10%，样本 2）

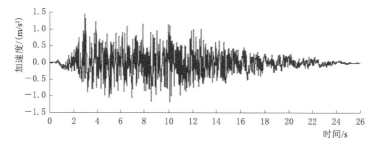

图 8.7 场地基岩地震加速度时程曲线（50 年超越概率 10%，样本 3）

图 8.8~图 8.10 为根据场地反应谱合成的 3 条 50 年超越概率 5% 地震加速度的时程曲线。

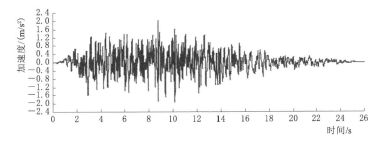

图 8.8 场地基岩地震加速度时程曲线 (50 年超越概率 5%，样本 1)

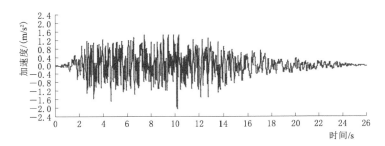

图 8.9 场地基岩地震加速度时程曲线 (50 年超越概率 5%，样本 2)

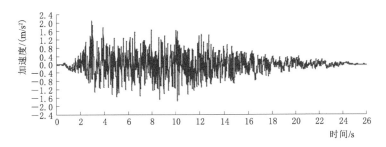

图 8.10 场地基岩地震加速度时程曲线 (50 年超越概率 5%，样本 3)

场地基岩地震加速度时程曲线中，地震动持时 26s，设计工况和校核工况水平地震峰值加速度分别为 $1.40m/s^2$、$2.02m/s^2$，垂直向地震峰值加速度取水平向的 2/3。

8.2.4 砂土液化可能性初判

8.2.4.1 年代法

《水力发电工程地质勘察规范》(GB 50287—2016) 中规定，地层年代为第四纪晚更新世 Q_3 或以前，可判为不液化。

对该水电站的河床覆盖层进行了地质测年工作。该工作由国家地震局地壳应力研究所和成都理工大学共同完成，采用电子自旋共振法。根据测年成果 (表 8.5)，坝址深厚覆盖层，除分布于现代河床、漫滩及 I 级阶地的砂卵砾石层所夹的含砾粉细砂为第四系全新世堆积物 (Q_4) 外，其余均为晚更新世以前堆积物 (Q_3)。因此，采用年代法初判，分布于中上部含砾中细砂（$Q_3^{al}-II$、$Q_3^{al}-IV_2$）、含砾中细砂（$Q_3^{al}-IV_1$）岩组不会发生液化。但是，第 2 层、第 3 层（现代河床或阶地的含漂石砂卵砾石层 $Q_4^{al}-Sgr_2$、$Q_4^{al}-Sgr_1$）中夹粉细砂层透镜体，由于其沉积年代新、埋深浅，初步判断其存在砂土液化的可能性。

表 8.5　　　　　　　　　　　　　覆盖层 ESR 测年成果表

序号	样　品　编　号	测　年　方　法	年龄/万 a BP
1	ZK_{61}（28.3～28.7m /B_{17}）	ESR	1.2±0.1
2	ZK_{47}（4.7～5.0m /B_{22}）	ESR	1.5±0.2
3	ZK_{30}（6.0～7.0m /B_{16}）	ESR	1.7±0.2
4	ZK_{59}（8.1～8.4m）	ESR	1.5±0.1
5	ZK_{39}（36.8～37.5m /B_{19}）	ESR	1.9±0.2
6	ZK_{46}（11.0～12.5m /B_{21}）	ESR	2.1±0.2
7	ZK_{30}（11.0～13.0m /B_{12}）	ESR	2.3±0.2
8	ZK_{30}（18.0～19.0m /B_{14}）	ESR	2.6±0.3
9	ZK_{39}（56.9～57.7m /B_{20}）	ESR	3.5±0.4
10	ZK_{30}（28.0～30.0m /B_{15}）	ESR	4.2±0.4
11	ZK_{47}（32.0～32.4m /B_{23}）	ESR	5.0±0.5
12	ZK_{30}（32.0～34.0m /B_{11}）	ESR	6.1±0.6
13	ZK_{59}（33.1～33.4m）	ESR	3.9±0.3
14	ZK_{30}（40.0～42.0m /B_{13}）	ESR	8.4±1.0
15	ZK_{61}（72.7～73.2m /B_{18}）	ESR	11.7±1.0
16	ZK_{30}（52.0～54.0m/B_{10}）	ESR	12.4±1.2

8.2.4.2　粒径法

《水力发电工程地质勘察规范》（GB 50287—2016）中规定，当土粒粒径大于 5mm 颗粒含量 $P_5 \geq 70\%$ 时，可判为不液化；当土粒粒径小于 5mm 颗粒含量 $P_5 \geq 30\%$ 时，且黏粒（粒径小于 0.005mm）含量满足表 8.6 时，可判定为不液化。

表 8.6　　　　　　　　　　　　黏粒含量判别砂液化标准

地震设防烈度	VII 度	VIII 度	IV 度
黏粒含量/%	≥16	≥18	≥20
液化判别	不液化	不液化	不液化

根据粒径法，坝址区覆盖层液化判别结果见表 8.7。可以看出，工程运行后除左岸台地表部外，大部分岩组处于饱和状态，各岩组中粒径小于 5mm 颗粒含量均在 90% 以上，而黏粒含量只有 2.48%～4.70%，均小于地震设防烈度为 VIII 度的黏粒含量（18%）。因此，粒径法判断各砂层存在液化的可能性。

表 8.7　　　　　　　　　　　　坝址区覆盖层液化判别结果

岩　　组	$Q_3^{al}-II$	$Q_3^{al}-IV_1$	$Q_4^{al}-Ss$
地震设防烈度	VIII 度		
大于 5mm 颗粒含量/%	9.65	3.46	0.20

岩 组	$Q_3^{al}-II$	$Q_3^{al}-IV_1$	$Q_4^{al}-Ss$
小于 5mm 颗粒含量	90.35	96.54	95.1
黏粒含量/%	2.48	2.15	4.70
液化判别	可能液化	可能液化	可能液化

8.2.4.3 剪切波速法

《水力发电工程地质勘察规范》（GB 50287—2016）中规定，当土层的剪切波速大于式（8.1）计算的上限剪切波速时，可判为不液化。

$$V_{st}=291(K_H Z\gamma_d)^{1/2} \tag{8.1}$$

式中：V_{st} 为上限剪切波速度，m/s；K_H 为地面最大水平地震加速度系数，可按地震设防烈度Ⅷ度，采用 0.2；Z 为土层深度，m；γ_d 为深度折减系数。

深度折减系数可按下列公式计算：

$$\gamma_d=1.0-0.01Z \quad Z=0\sim10m$$

$$\gamma_d=1.1-0.02Z \quad Z=10\sim20m$$

$$\gamma_d=0.9-0.01Z \quad Z=20\sim30m$$

坝址区进行了砂层剪切波速 V_s 测试，共做 5 孔，见图 8.11～图 8.15。根据测试成果，利用式（8.1）计算上限剪切波速，对照测试剪切波速，进行测试段砂土液化判别。计算时仅计算测试在 20m 以上段，结果见表 8.8。

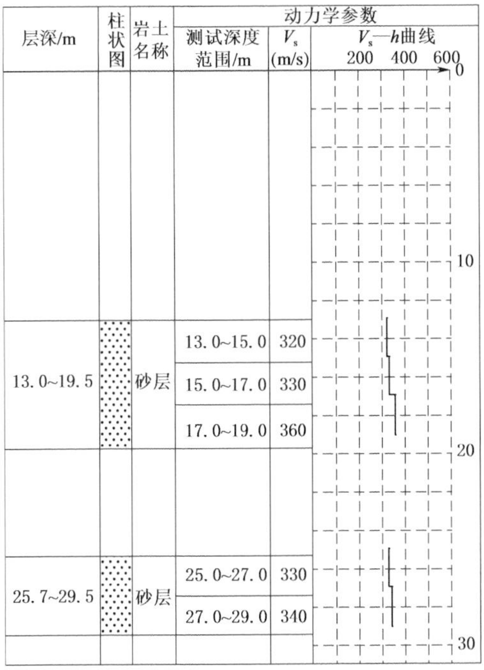

图 8.11 ZK_{28} 钻孔剪切波测试成果图

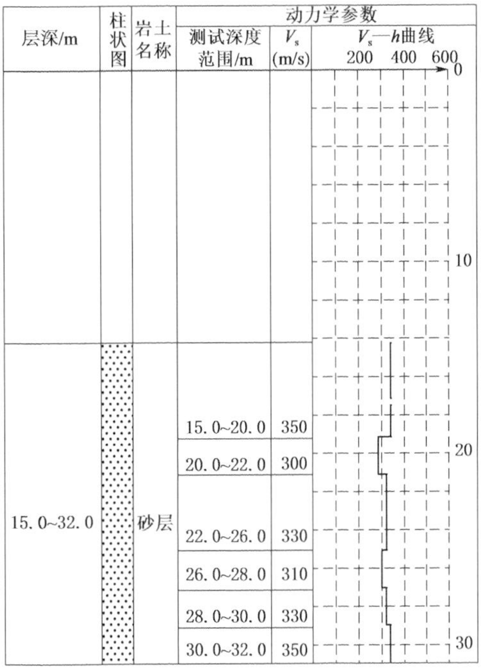

图 8.12 ZK_{35} 钻孔剪切波测试成果图

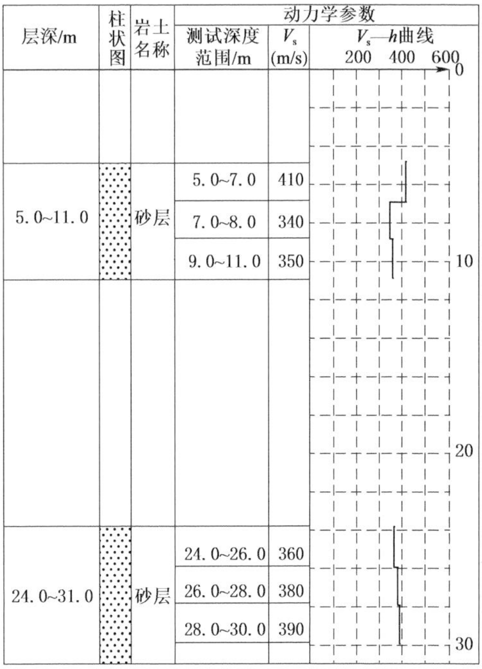

层深/m	柱状图	岩土名称	动力学参数		
			测试深度范围/m	V_s (m/s)	V_s—h曲线 200 400 600
5.0~11.0		砂层	5.0~7.0	410	
			7.0~8.0	340	
			9.0~11.0	350	
24.0~31.0		砂层	24.0~26.0	360	
			26.0~28.0	380	
			28.0~30.0	390	

图 8.13 ZK$_{37}$ 钻孔剪切波测试成果图

层深/m	柱状图	岩土名称	动力学参数		
			测试深度范围/m	V_s (m/s)	V_s—h曲线 200 400 600
12.0~21.0		砂层	12.0~14.0	350	
			15.0~16.0	330	
			16.0~19.0	340	
			19.0~21.0	330	

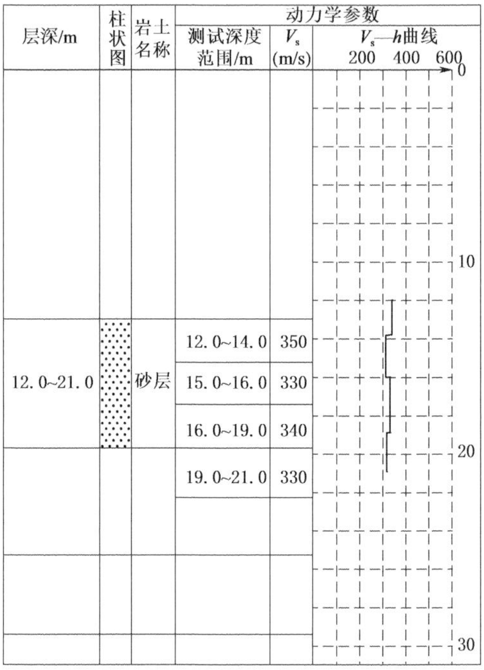

图 8.14 ZK$_{57}$ 钻孔剪切波测试成果图

层深/m	柱状图	岩土名称	动力学参数		
			测试深度范围/m	V_s (m/s)	V_s—h曲线 200 400 600
5.5~9.5		砂层	5.5~6.5	250	
			6.5~7.5	220	
			7.5~9.5	230	
22.0~28.0		砂层	22.0~24.0	320	
			24.0~25.0	300	
			25.0~26.0	320	
			26.0~27.0	300	
			27.0~28.0	280	

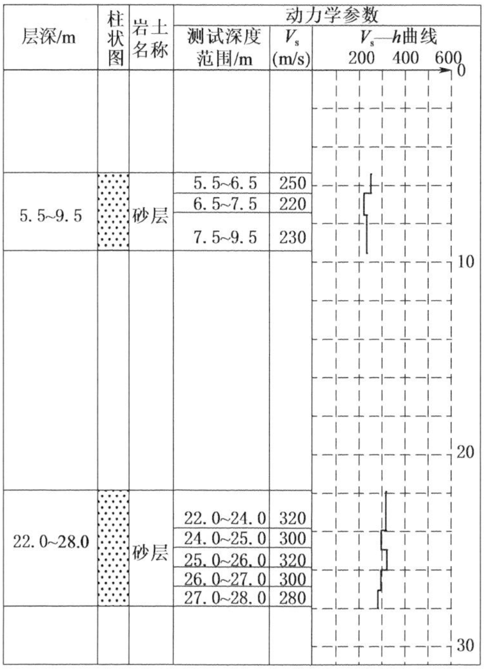

图 8.15 ZK$_{59}$ 钻孔剪切波测试成果图

根据表 8.8，多数部位砂土液化，仅个别部位砂土可能不发生液化现象。

表 8.8   剪切波砂土液化判别成果表

孔号	测试深度/m	岩组	上限剪切波速/(m/s)	测试剪切波速/(m/s)	液化判别	位　　　置
ZK₂₈	13～15	$Q_4^{al}-Ss$	440.00	320	液化	3 号引轴与坝轴线交汇处
	15～17	$Q_4^{al}-Ss$	459.74	330	液化	
	17～19	$Q_4^{al}-Ss$	474.96	360	液化	
ZK₃₅	15～20	$Q_3^{al}-Ⅳ_2$	471.47	350	液化	1 号引轴与坝轴线交汇处
ZK₅₇	12～14	$Q_3^{al}-Ss$	430.05	350	液化	尾水处
	14～16	$Q_3^{al}-Ⅳ_1$	450.82	330	液化	
	16～19	$Q_3^{al}-Ⅳ_1$	471.47	340	液化	
ZK₅₉	5.5～6.5	$Q_3^{al}-Ⅳ_1$	309.06	255	液化	下围堰
	6.5～7.5	$Q_3^{al}-Ⅳ_1$	332.05	220	液化	
	7.5～9.5	$Q_3^{al}-Ⅳ_1$	362.93	230	液化	
ZK₃₇	5～7	$Q_4^{del}-Ss$	309.34	410	不液化	厂房
	7～8	$Q_4^{del}-Ss$	344.32	340	液化	
	9～11	$Q_4^{del}-Ss$	390.42	350	液化	

8.2.4.4　结果分析

综上所述，经三项指标初步判断，第 2 层、第 3 层岩组中的粉细砂夹层透镜体（$Q_4^{al}-$ Ss）液化，第 6 层、第 8 层的 $Q_3^{al}-Ⅳ_1$ 岩组、$Q_3^{al}-Ⅱ$ 岩组局部埋深较浅的部位有发生震动液化的可能性，需按规范推荐的指标对第 6 层和第 8 层进行复判。

8.2.5　砂土液化可能性复判

8.2.5.1　标准贯入锤击数法

《水力发电工程地质勘察规范》（GB 50287—2016）规定，符合式（8.2）要求的土应判为液化土：

$$N_{63.5}<N_{cr} \tag{8.2}$$

当标准贯入试验贯入点深度和地下水位在试验地面以下时，实测标准贯入锤击数应按式（8.3）进行校正，并以校正后的标准贯入锤击数 $N_{63.5校}$ 作为复判依据：

$$N_{63.5校}=3.5N_{63.5}(d_s+0.9d_w+0.7)/(d_s+0.9d_z+0.7) \tag{8.3}$$

式中：$N_{63.5校}$ 为实测标准贯入锤击数；d_s 为工程正常运用时，标准贯入点在当时地面以下的深度（当标准贯入点在地面以下 5m 以内时，应采用 5m 计算），m；d_w 为标准贯入试验时标准贯入点在当时地面以下的深度（若当时地面淹没于水下，d_w 取 0），m；d_z 为工程正常运用时，地下水位在当时地面以下的深度，m；其余符号意义同前。

N_{cr} 标准贯入液化判别锤击数临界值评价如下：

$$N_{cr}=N_0\left[0.9+0.1(d_s-d_w)\right]\sqrt{\frac{3\%}{\rho_c}} \tag{8.4}$$

式中：ρ_c 为土的黏粒含量质量百分率（当 $\rho_c<3\%$ 时，取 3%），%；N_0 为液化判别标准贯入锤击数基准值，见表 8.9；其余符号意义同前。

表 8.9　　　　　　　　　　液化判别标准贯入锤击数基准值（N_0）

地　震　烈　度		Ⅶ度	Ⅷ度	Ⅳ度
标准贯入击数/击	近地震	6	10	16
	远地震	8	12	

坝体建基面高程为 3052m，d_s 取标准贯入试验点离坝体建基面高程 3052m 的距离不足 5m 时，取 5m 进行计算；d_w 取标准贯入试验点离孔口的实际距离。该次标准贯入试验，ZK_{S-4} 和 ZK_{S-5} 钻孔中 7m 的测点在水上完成，8m 的测点在水下完成，因此取 7.5m 作为 d_s 为 5m 的取值。工程正常运用时，整个覆盖层均在水下，因此 d_w 取 0。标准贯入锤击数基准值取值按远震考虑，地震烈度Ⅷ取 12 击。以上述规范建议公式，整理出计算结果见表 8.10。

表 8.10 显示，第 6 层（$Q_3^{al}-Ⅳ_1$）共进行了 38 组标准贯入试验，在地表动峰值加速度为 0.206g（Ⅷ度）时有 34 组的 $N_{63.5} < N_{cr}$，均产生了砂层液化，占试验组数的 89.5%。因此，通过标准贯入试验复判，在地表动峰值加速度为 0.206g（Ⅷ度）时，第 6 层河床部位（$Q_3^{al}-Ⅳ_1$）砂层发生液化的可能性较大。

表 8.10　　　　　　　标准贯入锤击数法进行第 6 层（$Q_3^{al}-Ⅳ_1$）液化判别

孔　　号	孔深/m	高程/m	实测击数/击	$N_{63.5}$/击	N_{cr} Ⅷ度	液化判别 Ⅷ度	备注
ZHS-1	2	3054.4	22	13.27	16.80	液化	
	4	3052.4	26	12.94	16.80	液化	
	6	3050.4	31	13.14	16.80	液化	
	8	3048.4	31	11.44	16.80	液化	
	10	3046.4	37	13.36	17.52	液化	
	13.2	3043.2	39	17.94	21.36	液化	
ZKS-2	2	3055.2	26	15.68	16.80	液化	
	4	3053.2	28	13.94	16.80	液化	
	6	3051.2	41	17.38	16.80	不液化	
	8	3049.2	35	12.91	16.80	液化	
	10	3047.2	37	12.09	16.80	液化	
	13.3	3043.9	38	16.12	20.52	液化	
ZKS-3	2	3053.3	24	14.48	16.80	液化	
	4	3051.3	25	12.45	16.80	液化	
	6	3049.3	28	11.87	16.80	液化	
	8	3047.3	33	12.17	16.80	液化	
	10	3045.3	36	15.27	18.84	液化	
	13.3	3042	37	19.08	22.80	液化	

孔　号	孔深/m	高程/m	实测击数/击	$N_{63.5}$/击	N_{cr} Ⅷ度	液化判别 Ⅷ度	备注
ZKS-4	2	3049.1	22	13.27	16.80	液化	
	3	3048.1	27	14.73	16.80	液化	
	4	3047.1	28	13.94	16.80	液化	
	5	3046.1	29	15.37	17.88	液化	
	6	3045.1	33	18.65	19.08	液化	
	7	3044.1	32	19.04	20.28	液化	
	8	3043.1	26	28.69	21.48	不液化	水下
ZKS-5	2	3049.2	21	12.67	16.80	液化	
	3	3048.2	25	13.64	16.80	液化	
	4	3047.2	26	12.94	16.80	液化	
	5	3046.2	28	14.62	17.76	液化	
	6	3045.2	32	17.84	18.96	液化	
	7	3044.2	33	19.41	20.16	液化	
	8	3043.2	26	28.39	21.36	不液化	水下
	9	3042.2	27	29.23	22.56	不液化	水下
ZKS-6	2	3055.5	20	12.06	16.80	液化	
	4	3053.5	23	11.45	16.80	液化	
	6	3051.5	25	10.59	16.80	液化	
	8	3049.5	29	10.70	16.80	液化	
	10	3047.5	35	11.43	16.80	液化	

8.2.5.2 相对密度法

根据《水力发电工程地质勘察规范》（GB 50287—2016）中的"相对密度法"，当饱和无黏性土（包括砂和粒径大于2mm的砂砾）的相对密度 D_r 不大于表 8.11 中的液化临界相对密度时，可判断为可能液化土。第 6 层（$Q_3^{al}-Ⅳ_1$）相对密度液化判别结果见表 8.12。

表 8.11　　　　　　　　　　　饱和无黏性土的液化临界相对密度

地震设防烈度	Ⅵ度	Ⅶ度	Ⅷ度	Ⅳ度
液化临界相对密度/%	65	70	75	85

表 8.12　　　　　　　　　　　相对密度液化判别结果（第 6 层）

试验编号	取样位置	取样高程/m	天然含水量/%	天然密度/(g/cm³)	天然干密度/(g/cm³)	最大干密度/(g/cm³)	最小干密度/(g/cm³)	相对密度 D_r	液化判别（Ⅷ度）
TC₁	右侧边坡（上）	3054	3.0	1.58	1.53	1.61	1.30	0.78	不液化
TC₂	右侧边坡（上）	3053	3.2	1.60	1.55	1.62	1.33	0.80	不液化

试验编号	取样位置	取样高程/m	天然含水量/%	天然密度/(g/cm³)	天然干密度/(g/cm³)	最大干密度/(g/cm³)	最小干密度/(g/cm³)	相对密度 D_r	液化判别（Ⅷ度）
TC₃	右侧边坡（上）	3052	3.1	1.60	1.55	1.61	1.32	0.82	不液化
TC₄	右侧边坡（上）	3051	3.7	1.71	1.65	1.72	1.49	0.74	液化
TC₅	右侧边坡（上）	3050	4.1	1.60	1.54	1.62	1.32	0.77	不液化
TC₇	右侧边坡（上）	3048	4.0	1.64	1.58	1.64	1.36	0.81	不液化
TC₈	基坑	3031	2.9	1.55	1.51	1.53	1.28	0.94	不液化
TC₉	基坑	3031	4.1	1.58	1.52	1.54	1.30	0.93	不液化
TC₁₄	左侧边坡（上）	3050	3.6	1.66	1.60	1.66	1.39	0.80	不液化
TC₂₀	右侧边坡（下）	3048	3.8	1.65	1.59	1.67	1.42	0.73	液化
TC₂₁	右侧边坡（下）	3047	3.3	1.60	1.55	1.63	1.35	0.75	不液化
TC₂₂	右侧边坡（下）	3046	2.9	1.62	1.57	1.63	1.36	0.80	不液化
TC₂₅	左侧边坡（下）	3052	3.1	1.68	1.63	1.70	1.45	0.74	液化
TC₂₈	左侧边坡（下）	3049	4.3	1.62	1.55	1.61	1.35	0.81	不液化
ZK₇	钻孔	3020						0.90	不液化
ZK₁₃	钻孔	3061						0.88	不液化
TK₂₆	探坑				1.78			0.65	液化
ZK₀₁₋₁	钻孔	3050						0.74	液化
ZK₁₂	钻孔	3045						0.72	液化
ZK₀₂₋₁	钻孔	3041						0.79	不液化
ZK₁₈₋₁	钻孔	3060						0.62	液化
ZK₁₇₋₁	钻孔	3054						0.77	不液化
TC₁	探槽				1.80			0.53	液化
TK₂₃	探坑				1.80			0.79	不液化

表 8.12 显示，第 6 层（Q_3^{al}-$Ⅳ_1$）共进行了 24 组相对密度试验，在地表动峰值加速度为 0.206g（Ⅷ度）时有 8 组可能产生砂层液化，占试验组数的 33.3%。因此，通过相对密度试验复判，河床部位第 6 层（Q_3^{al}-$Ⅳ_1$）在地表动峰值加速度为 0.206g（Ⅷ度）时有发生砂层液化的可能性。

8.2.5.3　seed 剪应力对比法

委托南京水利科学研究院进行了室内三轴动强度试验，并按照 seed 剪应力对比法进行了复判。确定利用现场抗液化剪应力 τ_1 和地震引起的等效剪应力 τ_{av} 即可按照式（8.5）和式（8.6）进行液化判别：

$$\tau_1 > \tau_{av} \quad （不液化） \tag{8.5}$$

$$\tau_1 < \tau_{av} \quad （液化） \tag{8.6}$$

第 6 层（Q_3^{al}-$Ⅳ_1$）上部主要为第 2 层，厚度范围 2.70～7.88m，取平均厚度 5.29m。因此，第 6 层（Q_3^{al}-$Ⅳ_1$）的埋深范围为 5.29～29.4m。第 8 层上部主要为第 2 层、第 6 层和第 7 层。其中，第 6 层的厚度范围 5.40～24.11m，取平均厚度 19.03m；第 7 层的厚

度范围 6.35～16.13m，取平均厚度 11.06m。因此，第 8 层的埋深范围为 35.38～
52.3m。由于 Seed 简化公式中的应力折减系数取值范围不超过 40m，因此仅适用于埋深
不超过 40m 砂层的液化判定。液化判定时，对于第 6 层（$Q_3^{al}-N_1$）判定范围取 5～30m，
第 8 层埋深超过 40m，取 35～40m 偏保守埋深进行判定。

判定时具体参数取值如下：

（1）根据地质勘察报告和试验结果，第 2 层干密度取 2.14g/cm³、比重取 2.69，第 6
层干密度取 1.57g/cm³、比重取 2.69，第 7 层干密度取 1.80g/cm³、比重取 2.68，第 8
层干密度取 1.60g/cm³、比重取 2.69。计算得到第 2 层、第 6 层、第 7 层和第 8 层的饱和
容重分别为 23.4 kN/m³、19.9 kN/m³、21.2 kN/m³ 和 20.1 kN/m³。

（2）$\sigma_d/2\sigma_0'$ 由三轴动强度试验确定，具体取 10 周和 30 周振次下液化的平均值。

（3）修正系数 C_r，综合取为 0.6。

（4）应力折减系数 γ_d，人工读取《土工原理》468 页图 10－10 中 0～30m 的中线值。
30～40m 范围内，30m 取 0.5，深度每增加 2m，γ_d 减少 0.02，当深度为 40m 时，γ_d
为 0.4。

（5）a_{max}，地震烈度为Ⅷ度时为 0.206g。

具体判定结果见表 8.13。

表 8.13　　　　　　　　　不同地震烈度下动强度试验的 $\sigma_d/2\sigma_0'$ 值

分　　层	地震烈度Ⅷ度，破坏振次为 30 周
第 6 层	0.221
第 8 层	0.271

根据室内三轴动力试验，对砂层液化进行了复判，结果见表 8.14。可以看出，第 6
层（$Q_3^{al}-N_1$）在地表动峰值加速度为 0.206g（Ⅷ度）时，埋深 25m 以内均发生了砂层
液化。因此，通过 seed 剪应力对比法复判，第 6 层在 25m 埋深范围内发生了砂层液化。
对于第 8 层（$Q_3^{al}-Ⅱ$），在地表动峰值加速度为 0.206g（Ⅷ度）时没有发生砂层液化。

表 8.14　　　　　　　根据室内动力试验判别坝基砂层液化结果

[地表动峰值加速度为 0.206g（Ⅷ度）]

层号	密度 /(g/cm³)	深度 /m	三轴液化 应力比 （30 周）	现场 抗液化剪应力 /kPa	地震引起 等效剪应力 /kPa	是否 可能发生液化
6	1.57	5	0.221	8.91	15.09	液化
		10	0.221	15.45	26.14	液化
		15	0.221	21.99	32.14	液化
		20	0.221	28.53	33.91	液化
		25	0.221	35.07	37.89	液化
		30	0.221	41.61	41.09	不液化

续表

层号	密度 /(g/cm³)	深度 /m	三轴液化 应力比 (30 周)	现场 抗液化剪应力 /kPa	地震引起 等效剪应力 /kPa	是否 可能发生液化
8	1.60	35	0.271	62.30	44.41	不液化
		40	0.271	70.47	44.84	不液化

8.3　坝基渗漏及渗透稳定问题

根据《水力发电工程地质勘察规范》（GB 50287—2016），一般情况下单一土层的渗透变形有三种形式：流土、管涌和过渡型，而在两种渗透性能不同的土层之间则会发生接触冲刷或接触流失两种破坏类型。深厚覆盖层的渗透变形模式与土层的颗粒级配、密度、结构状态等因素密切相关。地下水水力梯度在不同渗流条件下会发生改变，水力梯度的大小直接决定发生渗透变形的可能性。

本节首先根据覆盖层特性判定其发生渗透变形时的破坏类型，然后评价其抗渗性能，最后根据具体的水力条件计算覆盖层内的水力梯度，通过两者对比评价覆盖层渗透稳定及渗流量。

8.3.1　渗透变形类型

8.3.1.1　根据级配曲线分析

根据颗粒级配曲线形态，属瀑布式曲线时产生管涌；属直线式不产生潜蚀，而在较高的水力梯度下产生流土；属阶梯式渗透变形多为管涌，有时为流土；曲线向细颗粒方向缓坡延长产生管涌，较大角度与横坐标相交为流土。

颗粒级配累计曲线显示：第 1 层、第 2 层、第 7 层、第 9 层、第 10 层的颗粒级配累计曲线相近，为瀑布式曲线，这类粗粒土最可能发生管涌破坏；第 5 层、第 6 层、第 8 层的颗粒级配累计曲线相近，近似阶梯式曲线类型，易发生流土破坏。

8.3.1.2　根据细颗粒含量判断

细颗粒含量的确定要符合下列规定：

（1）级配不连续的土：在颗粒大小分布曲线上，至少有一个以上粒组颗粒含量小于或等于 3% 的土，称为级配不连续的土。曲线上平缓段最大粒径和最小粒径的平均值，或最小粒径作为粗、细颗粒的区分粒径 d，相应于该粒径的颗粒含量为细颗粒含量 P。

（2）级配连续的土：粗细颗粒区分粒径为

$$d = \sqrt{d_{70} d_{10}} \tag{8.7}$$

式中：d_{70} 为小于该粒径的含量占总土重 70% 的颗粒粒径，mm；其余符号意义同前。

对于单一地层，以细颗粒含量 P 为评判标准，无黏性土渗透变形类型的判别可根据表 8.15。

表 8.15　　　　　　　　　　　覆盖层渗透变形判别标准

土层特征	$C_u < 5$	$C_u \geq 5$		
		$P \geq 35\%$	$35\% > P \geq 25\%$	$25\% > P$
破坏类型	流土	流土	过渡型	管涌

对于多层地层，根据颗粒粒径特征，接触冲刷和接触流失通过以下方法判别：

1）当两层土的不均匀系数均等于或小于10，且符合式（8.8）规定时，不会发生接触冲刷。

$$\frac{D_{10}}{d_{10}} \leqslant 10 \tag{8.8}$$

式中：D_{10}、d_{10} 分别为较粗和较细土层的颗粒粒径小于该粒径的土重占总土重的10%，mm。

2）对于渗流向上的情况，符合表8.16条件将不会发生接触流失。

表 8.16　　　　　　　　　　　覆盖层接触流失评判标准

评 判 条 件	$C_u \leqslant 5$	$C_u \leqslant 10$
	$\dfrac{D_{15}}{d_{85}} \leqslant 5$	$\dfrac{D_{20}}{d_{70}} \leqslant 7$
评判结果	不发生接触流失	不发生接触流失

根据颗粒特征，依据以上判别方法，深厚覆盖层各层岩组渗透变形类型分析结果见表8.17。由表8.17可知，覆盖层粗粒类土的岩组以管涌和过渡型破坏为主，细粒土和砂粒土覆盖层为流土破坏。

表 8.17　　　　　　　　　　深厚覆盖层各岩组渗透变形类型分析结果表

岩　　组	Q_4^{del}	$Q_4^{al} - Sgr_2$	$Q_3^{al} - IV_2$	$Q_3^{al} - IV_1$	$Q_3^{al} - III$	$Q_3^{al} - II$	$Q_2^{fgl} - V$
不均匀系数 C_u	67.140	101.120	6.582	8.485	292.308	52.989	83.832
细粒粒径 d/mm	5.72	4.37	0.36	0.87	3.29	0.66	4.12
细粒含量 P/%	19.31	23.32	96.88	82.31	32.9	91.99	34.73
渗透变形类型	管涌	管涌	流土	流土	过渡型	流土	过渡型

对于接触冲刷问题，除了第5、第6层岩组的 C_u 小于10外，其余岩组的 C_u 都远大于10。因此，除第5、第6层岩组之间不会发生接触冲刷外，其余岩组的接触面均有接触冲刷的可能。

通过渗透变形类型的判别可知，各岩组均存在渗透变形破坏的可能性，粗粒土以管涌和过渡型为主，细粒土和砂粒土以流土破坏为主。除第5层、第6层外，其余各层之间均可能发生接触冲刷和接触流失。

8.3.2　渗漏损失量分析评价

8.3.2.1　数值分析方法

根据渗流场与温度场在理论原理、微分方程和边界条件的相似性，通过对比可以发现，渗流场中的水头和渗透系数分别与温度场中的温度和传热系数相对应。因此，可以利用数值分析软件ANSYS中热分析模块来模拟土中地下水的渗流问题。渗流模拟过程大致为模型建立、参数赋值、固定边界、施加荷载和求解。在施加荷载步骤中，需要确定水流入渗边界范围和出逸边界范围，即第一类边界，其他则为无地下水流入和流出的第二类边界。而土石坝存在自由浸润线未知和逸出位置未知的问题。

由于水头是一个高程差的概念，先假定剖面最低处为基准0高程点，就可确定各点水头及模型内部各点的高程。在稳定渗流情况下，土石坝坝体内存在一个自由浸润线。在简化情况下，不考虑毛细作用，认为浸润线以上部分处于干燥状态、无渗透水流。浸润线以下存在渗透水流，并且在浸润线上和出逸段各点的水头值等于其纵向坐标值，在浸润线以下范围的水头值均大于其纵向坐标值。

基于以上原理，输入大坝上游边界水头值，在下游出逸边界线上，先假定一个下游坝坡逸出点，大于此点高程的边界点默认第二类边界，小于此点高程的边界点设定水头值与其自身高程值相同。然后进行第一次运算，找出水头值小于高程的网格单元，将其排除出下一次运算。如此反复迭代，直至前后两次运算差值符合要求为止，这样便可找出土石坝内自由浸润线和逸出点。

8.3.2.2　模拟结果

选取纵河向三个剖面 A—A、B—B、C—C，在规范推荐的四种工况下进行模拟计算。相关参数按前几章推荐的选取，上游正常水位工况下模拟结果如图 8.16～图 8.21 所示。

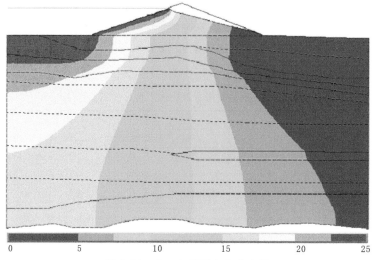

图 8.16　A—A 剖面水头分布图

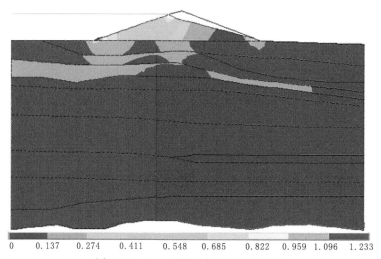

图 8.17　A—A 剖面水力梯度分布图

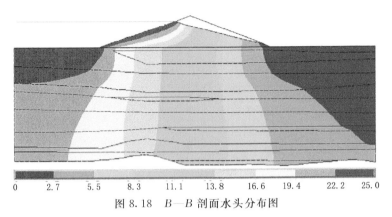

图 8.18　$B—B$ 剖面水头分布图

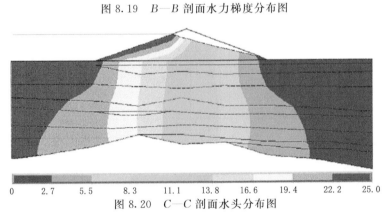

图 8.19　$B—B$ 剖面水力梯度分布图

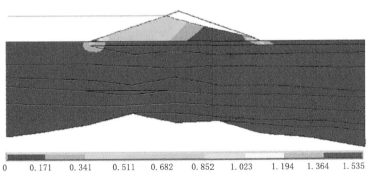

图 8.20　$C—C$ 剖面水头分布图

图 8.21　$C—C$ 剖面水力梯度分布图

根据数值模拟结果，可以发现覆盖层中水力坡降最大值发生在两端的坝趾、坝踵下部，在不同工况下其最大值见表 8.18。

表 8.18　　　　　　　　　　各岩组最大水力梯度值与允许坡降对比

岩层（组）	A—A	B—B	C—C	允许坡降
第 2 层（Q_4^{al}-Sgr_2）	0.225~0.237	0.489~0.536	0.372~0.430	0.25~0.35
第 6 层（Q_3^{al}-Ⅳ$_1$）	0.199~0.221	0.237~0.357	0.097~0.124	0.36~0.42
第 7 层（Q_3^{al}-Ⅲ）	0.156~0.184	0.324~0.380	0.279~0.318	0.38~0.45
第 8 层（Q_3^{al}-Ⅱ）	0.137~0.181	0.123~0.152	0.057~0.109	0.30~0.35
第 9 层（Q_3^{al}-Ⅰ）	0.121~0.158	0.122~0.132	0.077~0.739	0.38~0.48

数值模拟结果显示：

（1）三个剖面中覆盖层位于表层的第 2、第 6 层岩组的水力坡降均超过允许坡降值的低限，具有发生渗透破坏的可能性。

（2）其余岩组水力坡降较小，小于其允许坡降，不会发生渗透破坏。

根据数值模拟结果，三个剖面不同工况的单宽渗流量及总渗流量见表 8.19。通过数值模拟，计算出三个剖面不同工况的单宽渗流量：A—A 为 0.93×10^{-3} m^2/s，B—B 为 0.62×10^{-3} m^2/s，C—C 为 0.51×10^{-3} m^2/s。根据三个剖面的单宽渗流量计算河谷覆盖层的总渗流量，取较大值为 $1.21m^3/s$，覆盖层渗漏量为该河流平均流量（$538m^3/s$）的 2.25‰。

表 8.19　　　　　　　　　　各剖面单宽渗流量及总渗流量

剖　　面		A—A	B—B	C—C
单宽渗流量/(10^{-3} m^2/s)	范围	0.88~0.97	0.51~0.70	0.47~0.58
	平均值	0.93	0.62	0.51
总渗流量/(m^3/s)		1.15~1.21	0.98~1.03	0.82~0.96

8.3.3　渗透破坏判定

根据以上分析，坝基覆盖层表层 10~15m 处地层较易发生渗流破坏，坝基渗透破坏需要结合防渗措施综合判断。

根据水电站枢纽建筑物布置与地基覆盖层关系，泄洪闸、厂房地基为河床覆盖层的第 1 层、第 3 层、第 5 层、第 6 层、第 7 层，其中第 1 层、第 3 层、第 7 层为粗粒土，具有较高的渗透性。因此，泄洪闸、厂房地基可能存在坝基渗漏问题。

根据渗透破坏分析结果，泄洪闸、厂房坝基覆盖层的第 1 层、第 3 层可能发生管涌破坏，第 5 层、第 6 层可能发生流土型破坏，第 7 层可能发生过渡型破坏，各层之间可能发生接触面冲刷破坏。

根据水力坡降分析，坝基浅表部的第 1 层、第 3 层、第 5 层的允许坡降较小，坝基存在渗透破坏的可能性。特别是位于泄洪闸、厂房地基表部的第 1 层、第 3 层，渗透破坏的可能性较大。

综上所述，水电站的泄洪闸、厂房坝基存在渗漏、渗透变形破坏等工程地质问题，且发生渗透变形破坏的可能性较大，需进行工程处理。

8.3.4　管涌渗透破坏机理

8.3.4.1　管涌流速分布

管涌是一种复杂的渗流破坏现象，很难描述水在地层中的运动。管涌流速分布的理论分析是基于以下假设进行的：

（1）孔隙通道和软土层中的水沿 x 方向是无限延伸的。

（2）模型中水是不可压缩的、完全发展的层流。

（3）忽略水头损失和进出口边界的影响。

（4）忽略了范德华力、表面张力等微观力的影响。

（5）软土地层是各向同性的多孔介质。

（6）分别用 Navier‐Stokes 方程和 Brinkman‐extended Darcy 方程描述孔隙通道和软土地层中的水流。

管道通道通常发育在软土层中，如图 8.22 所示。图 8.22 中，R 为管道模型半径，R_0 为孔道半径；L 是通道长度。

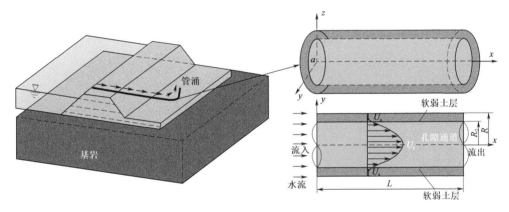

图 8.22　管涌空隙流速分布

孔隙通道中的自由流动满足连续性方程式（8.9）和 Navier‐Stokes 方程式（8.10）：

$$\frac{\partial v_{f_x}}{\partial x}+\frac{\partial v_{f_y}}{\partial y}+\frac{\partial v_{f_z}}{\partial z}=0 \tag{8.9}$$

$$f_x-\frac{1}{\rho}\frac{\partial p}{\partial x}+\upsilon\left(\frac{\partial^2 v_{f_x}}{\partial x^2}+\frac{\partial^2 v_{f_x}}{\partial y^2}+\frac{\partial^2 v_{f_x}}{\partial z^2}\right)=\frac{\partial v_{f_x}}{\partial t}+\left(v_{f_x}\frac{\partial v_{f_x}}{\partial x}+v_{f_y}\frac{\partial v_{f_x}}{\partial y}+v_{f_z}\frac{\partial v_{f_x}}{\partial z}\right) \tag{8.10}$$

式中：v_{f_x}、v_{f_y} 和 v_{f_z} 分别为孔道中沿 x、y、z 方向的自由流动速度；f_x 为沿 x 方向的质量力；ρ 为水的密度；p 为水压；υ 为水的运动黏度。

因为流体为层流，且流体只沿 x 方向流动，所以 $\partial v_{f_y}/\partial y=\partial v_{f_z}/\partial z=0$。将 $\partial v_{f_y}/\partial y=\partial v_{f_z}/\partial z=0$ 代入式（8.10），可知 $\partial v_{f_x}/\partial x=0$，$\partial^2 v_{f_x}/\partial x^2=0$。沿 x 方向的质量力 $f_x=0$。然后，通道中的流体是稳定流动的，因此 $\partial v_{f_x}/\partial t=0$。将上述条件代入式（8.10），在柱坐标下化简：

$$\mu_f\left(\frac{d^2 v_{f_x}}{dr^2}+\frac{1}{r}\frac{d v_{f_x}}{dr}\right)-\frac{dp}{dx}=0 \tag{8.11}$$

式中：μ_f 为水的动力黏度；其余符号意义同前。

渗流满足连续性方程（8.12）和 Brinkman - extended Darcy 方程（8.13）：

$$\frac{\partial v_{sx}}{\partial x}+\frac{\partial v_{sy}}{\partial y}+\frac{\partial v_{sz}}{\partial z}=0 \tag{8.12}$$

$$n\rho f_x-n\frac{\mu_f}{K}v_{sx}-n\frac{\partial p}{\partial x}+\mu_f\left(\frac{\partial^2 v_{sx}}{\partial x^2}+\frac{\partial^2 v_{sx}}{\partial y^2}+\frac{\partial^2 v_{sx}}{\partial z^2}\right)=\frac{\rho}{n}\left(v_{sx}\frac{\partial v_{sx}}{\partial x}+v_{sy}\frac{\partial v_{sx}}{\partial y}+v_{sz}\frac{\partial v_{sx}}{\partial z}\right) \tag{8.13}$$

其中
$$K=k\mu_f/\gamma_w$$

式中：v_{sx}、v_{sy} 和 v_{sz} 分别为软土地层沿 x、y、z 方向渗流速度；K 为软土地层的渗透率，k 为渗透系数；γ_w 为水的单位重量，且 $\gamma_w=\rho g$（$g=9.80\text{m/s}^2$）。

同样，控制方程（8.13）可简化为

$$\mu_f\left(\frac{d^2 v_{sx}}{dr^2}+\frac{1}{r}\frac{d v_{sx}}{dr}\right)-n\frac{dp}{dx}-n\frac{\mu_f}{K}v_{sx}=0 \tag{8.14}$$

引入无量纲参数公式（8.15）来简化控制方程表达式：

$$\zeta=r/R,\quad M=\mu_{\text{eff}}/\mu_f=1/n,\quad Da=K/R^2,\quad S=1/(\sqrt{MDa}),\quad U=v\mu_f/(GR^2) \tag{8.15}$$

式中：ζ 为相对半径；M 为黏度比；μ_{eff} 为饱和土壤地层水分的有效黏度；Da 为土层达西数；S 为土壤颗粒形状参数；U 为无量纲速度；G 为水压变化率，G 为常数，$G=dp/dx=\Delta P/L$。

控制方程的无量纲形式计算方法如下：

$$\frac{d^2 U_f}{d\xi^2}+\frac{1}{\xi}\frac{d U_f}{d\xi}+1=0 \tag{8.16}$$

$$\frac{d^2 U_s}{d\zeta^2}+\frac{1}{\zeta}\frac{d U_s}{d\zeta}+\frac{1}{M}-S^2 U_s=0 \tag{8.17}$$

$$U_f=-\zeta^2/4+A_1\ln\zeta+A_2 \tag{8.18}$$

$$U_s=1/(MS^2)+A_3 I_0(S\zeta)+A_4 K_0(S\zeta) \tag{8.19}$$

式（8.16）~式（8.19）式中：U_f 和 U_s 分别为自由流动和渗流的无量纲速度；A_1、A_2、A_3、和 A_4 为待定参数。

相应的边界条件为

（1）在孔道中心处（$\zeta=0$）自由流动速度最大，因此 $dU_f/d\zeta=0$。

（2）孔隙通道和软土层之间的接口（$\zeta=\gamma=R_0/R$），速度是连续的，但剪切应力是跳跃的（Ochoa - Tapia et al.，1995a，1995b）。所以 $U_f=U_s$，$MdU_s/d\zeta$ - $dU_f/d\zeta=\beta U_s/Da^{0.5}$，跳跃系数 β 的范围从 1 到 1.5。

（3）在软土层边缘（$\zeta=1$），渗流速度不再变化，故 $dU_s/d\zeta=0$。

将上述边界条件代入式（8.18）和式（8.19），可得 A_1、A_2、A_3 和 A_4 的表达式为

$$A_1=0 \tag{8.20}$$

$$A_2 = \frac{1}{MS^2} + \frac{\gamma^2}{4} + \frac{(-2\beta + \sqrt{Da}MS^2\gamma)[I_1(S)K_0(S\gamma) + I_0(S\gamma)K_1(S)]}{2MS^2[\beta I_0(S\gamma) - \sqrt{Da}MSI_1(S\gamma)]K_1(S) + I_1(S)[\beta K_0(S\gamma) + \sqrt{Da}MSK_1(S\gamma)]}$$

(8.21)

$$A_3 = \frac{K_1(S)(-2\beta + \sqrt{Da}MS^2\gamma)}{2MS^2([\beta I_0(S\gamma) - \sqrt{Da}MSI_1(S\gamma)]K_1(S) + I_1(S)[\beta K_0(S\gamma) + \sqrt{Da}MSK_1(S\gamma)])}$$

(8.22)

$$A_4 = \frac{I_1(S)(-2\beta + \sqrt{Da}MS^2\gamma)}{2MS^2([\beta I_0(S\gamma) - \sqrt{Da}MSI_1(S\gamma)]K_1(S) + I_1(S)[\beta K_0(S\gamma) + \sqrt{Da}MSK_1(S\gamma)])}$$

(8.23)

8.3.4.2 管涌临界水力梯度

粗颗粒在土壤中的积累可以形成一系列的孔隙通道，这些通道被认为是水和细颗粒运动的通道。Kovacs（1981）提出了具体的孔隙通道模型，见图 8.23。图中 d_0 为最小孔径，d_1 为最大孔径，d_2 为等效孔径。R_0 为自由流道半径，$R_0 = d_1/2$，R 为自由渗流耦合通道半径，$R = 2R_0$；L 为孔隙通道的长度。F_G 为颗粒的有效重力，F_D 为 Stokes 层流区阻力，F_P 为静水压力，F_P 是支撑力，F_f 是摩擦力。

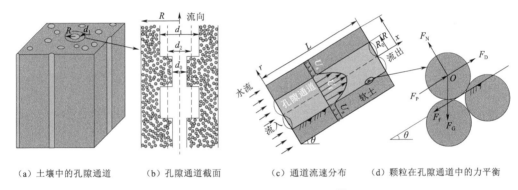

（a）土壤中的孔隙通道　　（b）孔隙通道截面　　（c）通道流速分布　　（d）颗粒在孔隙通道中的力平衡

图 8.23　管涌通道中的颗粒运动模型

最小/最大孔径（d_0/d_1）（Skempton et al.，1994）和土壤有效粒径 D_h 可由式（8.24）表示：

$$d_0 = \frac{1}{\alpha}\frac{8n}{3(1-n)}D_h \quad d_1 = 1.86d_0 \quad D_h = 1/(\sum\Delta S_i/D_i)$$

(8.24)

式中：α 为形状系数，当土壤颗粒为球形颗粒时，$\alpha = 6$；D_i 为样品粒度分布曲线第 i 个区间内的平均直径，cm；ΔS_i 为 D_i 在总质量范围内的粒径质量百分比，%；其余符号意义同前。

颗粒有效重力 F_G 见式（8.25），拖曳力 F_D（Indraratna et al.，2002）见式（8.26）。

$$F_G = \pi(\gamma_s - \gamma_w)d^3/6$$

(8.25)

$$F_D = 3\pi\mu_f du_i$$

(8.26)

式中：γ_s 为粒子的单位重量，kN/m³；d 为粒子的直径，m；u_i 为界面速度，m/s；其余符号意义同前。

式（8.18）中无量纲自由流动速度 U_f 可由式（8.14）还原为量纲速度 u_f，量纲速度 u_f 的表达式见式（Terzaghi，1965）：

$$u_f = (-\Delta P/4Lr^2 + A_2R^2\Delta P/L)/\mu_f \qquad (8.27)$$

如 $\Delta P = \gamma_w\Delta H$，水力梯度 $i = \Delta H/L$，u_i 可表示为

$$u_i = (-\gamma_w R_0^2/4 + A_2\gamma_w R^2)i/\mu_f\gamma_w \qquad (8.28)$$

静液压力 F_P 采用式（8.29）计算，支撑力 F_N、摩擦力 F_f 分别采用式（8.30）、式（8.31）计算：

$$F_P = iL\gamma_w\pi d^2/4 \qquad (8.29)$$

$$F_N = F_G\cos\theta = \pi(\gamma_s - \gamma_w)d^3\cos\theta/6 \qquad (8.30)$$

$$F_f = \pi(\gamma_s - \gamma_w)d^3\cos\theta\tan\varphi/6 \qquad (8.31)$$

式中：L 为孔道长度，$L = d$（Kovacs，1981）。

流动方向的极限平衡结果为

$$F_D + F_P - F_f - F_G\sin\theta = 0 \qquad (8.32)$$

将方程式（8.25）～式（8.31）代入式（8.32）可得临界水力梯度 i_{cr}：

$$i_{cr} = \frac{(G_s - 1)(\cos\theta\tan\varphi + \sin\theta)}{1.5 + (18A_2 - 9/8)(1.86d_0/d)^2} \qquad (8.33)$$

当渗水方式为直立时，即 $\theta = 90°$ 时，管道的临界水力梯度 i_{cr} 可简化为

$$i_{cr} = \frac{G_s - 1}{1.5 + (18A_2 - 9/8)1.86^2(d_0/d)^2} \qquad (8.34)$$

式（8.34）中，A_2 如式（8.21）所示。

8.3.4.3　管涌临界流速计算公式

当管道发生破坏时，有些学者只分析了孔隙通道内的自由流动，忽略了孔隙通道周围软土地层中的渗流问题（刘杰，2006；Indraratna et al.，2002；Zhou et al.，2010；沙金煊，1981；王霜等，2018）。管涌临界水力梯度计算公式见表 8.20。

表 8.20　　　　　　　　　　　　管涌临界水力梯度计算公式

模　　型	参　考　模　型	计　算　公　式
自由流空隙模型	Zhou 等（2010）	$i_{cr} = (G_s - 1)/[1.5 + 0.1Bn^2/(1-n)^2(d_0/d)^2]$
	沙金煊（1981）	$i_{cr} = 42d/(\sqrt{k/n^3})$
	Estormina（2006）	$i_{cr} = 4.5(d/d_0)^2$
	刘杰（2005）	$i_{cr} = (G_s - 1)/[1 + 0.43(d_0/d)^2]$
	Indraratna（2002）	$i_{cr} = (G_s - 1)/[1.5 + 0.5625(d_0/d)^2]$
	王霜等（2018）	$i_{cr} = (G_s - 1)/[1.5 + 0.38(d_0/d)^2]$
自由和渗流耦合	本模型	$i_{cr} = (G_s - 1)/[1.5 + (18A_2 - 9/8)\times 1.86^2(d_0/d)^2]$

与表 8.20 中其他公式相比，本模型临界水力梯度解析解 i_{cr} 的表达式与其他模型形式相似。上述公式的计算结果与 Skempton 等（1994）和 Zhou 等（2010）的试验结果的对比可见图 8.24 和图 8.25，由图可知本模型的解析解计算结果更加准确。

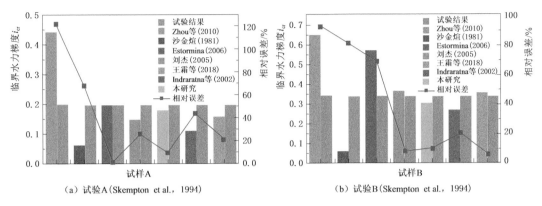

（a）试验A（Skempton et al.，1994）　　　　（b）试验B（Skempton et al.，1994）

图 8.24 临界水力梯度 i_{cr} 的解析解与 Skempton 等（1994）试验结果的比较

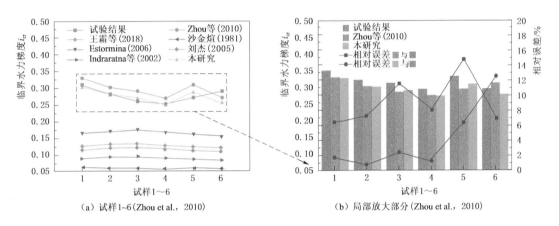

（a）试样1~6（Zhou et al.，2010）　　　　（b）局部放大部分（Zhou et al.，2010）

图 8.25 临界水力梯度 i_{cr} 的解析解与 Zhou 等（2010）试验结果的比较

8.4 考虑覆盖层充填裂隙右坝肩绕坝渗流定量评价

8.4.1 计算说明

右坝肩和河床覆盖层以下的基岩渗透分区，主要依据平洞裂隙统计和钻孔压水及示踪剂法渗透测试成果，分为强透水、中等透水和弱透水，各渗透分区大致对应强卸荷、弱卸荷和微新岩体。三维渗流计算时，裂隙岩体的渗透特性和渗透张量按各向异性渗透介质考虑。坝基河床覆盖层各介质分区依据钻孔资料，且覆盖层按各向同性渗透介质考虑。由于右岸山体坝顶高程3080m以上位于库水位3078m以上，对绕坝肩渗流没有任何影响。因此，渗流计算模型不包括右岸3080m以上部分。而右岸近坝附近的岸坡覆盖层为强透水层，从工程安全角度考虑，库水透过岸坡覆盖层作用在基/覆交界面上的水头均按库水位设置。

三维渗流计算模型坐标系：X 轴与坝轴线平行，指向右岸为正；Y 轴垂直向上为正；Z 轴垂直坝轴线，且指向上游为正。上、下游范围从坝坡坡脚分别向下游和上游取200m；垂直向下取至高程2650m；顺坝轴线方向从 PD04 洞口内坡内延伸约307m，而从 PD04 洞口向左岸延伸约330m。计算模型包含单元总数27782个、节点总数28901个，划分网格示意图见图 8.26。

电站坝体坝基防渗采用混凝土防渗墙接土工布，坝肩采用防渗帷幕，且悬挂式防渗墙墙底还设帷幕灌浆。根据设计文件并参考有关工程资料，混凝土防渗墙宽度取 80cm、深度 60m，计算分析时混凝土防渗墙的渗透系数取 1×10^{-7} cm/s（8.64×10^{-5} m/d）。防渗帷幕宽度取 2.5m，其中基岩中防渗帷幕按 1Lu 控制，即渗透系数约 1×10^{-5} cm/s（8.64×10^{-3} m/d）。对位于防渗墙底部的覆盖层中的防渗帷幕，根据工程经验，其防渗效果要达到 1Lu 较为困难。因此，渗流计算中对覆盖层中防渗帷幕按 $1 \sim 10$Lu 控制进行了敏感性分析。另外，对防渗帷幕水平深度和垂直深度也进行了多方案的敏感性分析，防渗帷幕水平深度和垂直深度关系见图 8.27。同时，对无任何防渗措施下的渗流进行了对比分析，对裂隙岩体按各向同性和各向异性的渗流进行了对比分析。渗流计算共有 27 种计算方案组合，以下对不同方案的计算成果进行分析。

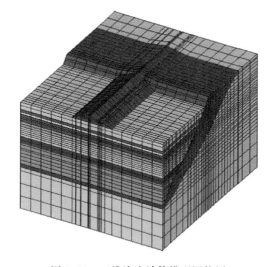

图 8.26 三维渗流计算模型网格图

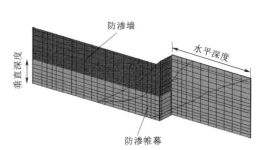

图 8.27 防渗帷幕和防渗墙空间示意

8.4.2 防渗帷幕水平深度敏感性分析

防渗帷幕布置如图 8.27 所示。进行敏感性计算时，防渗墙墙底的帷幕灌浆深度为 60.00m 且保持不变，而坝肩防渗帷幕水平深度变化范围为 $52.52 \sim 199.25$m，分别对应平洞 PD04 强卸荷（强透水）和弱卸荷（中等透水）底界。防渗帷幕水平深度渗流敏感性计算成果见表 8.21。

为说明防渗措施效果，也将无任何防渗措施渗流计算成果列于表 8.21 中。计算成果表明，即使设计为悬挂式防渗墙，由于防渗墙、防渗帷幕和土工布的阻渗作用，相比无任何防渗措施下的渗流量而言，有防渗措施下的总渗流量显著减小，且无防渗措施下绝大部分渗流量主要穿过坝体。当水平帷幕深度穿过强卸荷区后，即使增大水平帷幕深度，对降低绕坝肩渗流量的效果并不显著。计算成果与前面章节中渗流定性分析几乎一致。显然，水平帷幕防渗深度设在强卸荷底界是合理的，即表 8.21 中方案 7 大致对应平洞 PD04 洞深 54m 附近。方案 7 的总渗流量大致为无任何防渗措施下的总渗流的 5.45%，防渗效果已非常显著。

需要说明的是，表 8.21 中由于坝肩水平防渗深度的变化，对应防渗帷幕轴线剖面的弱卸荷和微新岩体范围也相应变化。因此，透过防渗帷幕、弱卸荷和微新岩体的渗流量也随透过面积的大小呈规律性变化。但是，透过防渗墙和墙底防渗帷幕之下的河床覆盖层的渗流量变化很小。

表 8.21　　　　　防渗帷幕水平深度渗流敏感性计算成果

方案编号	水平深度/m	微新岩体渗流量/m³	弱卸荷岩体渗流量/m³	强卸荷岩体渗流量/m³	覆盖层渗流量/m³	防渗墙渗流量/m³	防渗帷幕渗流量/m³	总渗流量/m³
0	199.25	176.83	519.53	0.00	716.57	57.53	1715.54	3186.00
1	174.84	178.26	521.76	0.00	716.57	57.53	1712.03	3186.15
2	152.52	179.59	526.73	0.00	716.56	57.53	1706.03	3186.44
3	132.52	180.77	534.63	0.00	716.56	57.53	1697.59	3187.08
4	112.52	181.77	547.41	0.00	716.56	57.52	1685.05	3188.31
5	92.52	182.65	566.23	0.00	716.55	57.52	1667.65	3190.60
6	72.52	183.26	595.56	0.00	716.53	57.50	1642.23	3195.08
7	52.52	182.94	645.00	0.00	716.49	57.44	1603.47	3205.34
8	/	126.58	490.50	626.07	3186.06	54362.60（坝体渗流量）		58791.81

注　方案 1～7 中防渗墙底帷幕深度均为 60m；方案 8 为无任何防渗措施。

8.4.3　覆盖层防渗帷幕渗透性敏感性分析

设计采取防渗墙预留孔方式对墙底覆盖层和透水基岩进行帷幕灌浆以增大渗流路径，从而减缓悬挂式防渗系统的渗流量。对于基岩，防渗帷幕效果控制在 1Lu 较易实现。而对于深厚覆盖层，防渗帷幕效果控制在 1Lu 较为困难。鉴于此，对河床覆盖层防渗帷幕效果进行敏感性分析，按防渗控制标准 1～10Lu 范围，三维渗流计算获得的不同部位渗流量见表 8.22。

表 8.22　　　　　覆盖层中防渗帷幕效果渗流敏感性计算成果

方案编号	覆盖层防渗帷幕效果	微新岩体渗流量/m³	弱卸荷岩体渗流量/m³	强卸荷岩体渗流量/m³	覆盖层渗流量/m³	防渗墙渗流量/m³	防渗帷幕渗流量/m³	总渗流量/m³
7	1Lu	182.94	645.00	0.00	716.49	57.44	1603.47	3205.34
7Lu2	2Lu	180.13	611.39	0.00	650.06	55.69	1929.43	3426.70
7Lu3	3Lu	178.56	592.87	0.00	617.83	54.68	2107.47	3551.41
7Lu4	4Lu	177.53	580.91	0.00	598.67	54.00	2222.03	3633.14
7Lu5	5Lu	176.79	572.45	0.00	585.90	53.51	2302.94	3691.59
7Lu6	6Lu	176.24	566.11	0.00	576.72	53.14	2363.63	3735.84
7Lu7	7Lu	175.80	561.14	0.00	569.77	52.84	2411.12	3770.67
7Lu8	8Lu	175.45	557.14	0.00	564.30	52.59	2449.46	3798.94
7Lu9	9Lu	175.15	553.82	0.00	559.87	52.38	2481.17	3822.39
7Lu10	10Lu	174.90	551.03	0.00	556.20	52.21	2507.92	3842.26
8	/	126.58	490.50	626.07	3186.06	54362.60（坝体渗流量）		58791.81

注　方案 7、7Lu2～7Lu10 中防渗墙墙底帷幕深度均为 60m，右坝肩水平帷幕深度均为 52.52m，基岩防渗帷幕均按 1Lu 控制；方案 8 为无任何防渗措施。

计算成果表明，覆盖层的渗流量随控制吕荣值的增大而增大，总渗流量也相应地增大。当覆盖层中帷幕效果为 10Lu 时（即表 8.22 中方案 7Lu10），总渗流量仅为无任何防渗措施的 6.50%，说明此时的防渗效果仍较为突出。实际施工中，控制覆盖层中防渗帷幕的效果达到 10Lu 以内较为容易实现。

需要说明的是，表 8.22 随覆盖层的帷幕效果随控制标准的变化，库水渗流路径对应的渗流梯度也相应变化，从而使得各部位（包括微新、弱卸荷、防渗墙墙底帷幕之下的河床覆盖层、防渗墙以及防渗帷幕等）的渗流量也相应地呈规律性的变化。

8.4.4 防渗帷幕垂直深度敏感性分析

上节已初步论证防渗墙底部覆盖层中防渗帷幕透水性较大时，总渗流量增加不显著，说明防渗墙和右坝肩防渗帷幕效果显著。本节分析墙底防渗帷幕深度对渗流的敏感度，以论证是否可取消防渗墙墙底的垂直防渗帷幕。根据三维渗流计算获得的不同部位的渗流量见表 8.23。计算成果表明，随防渗墙底帷幕深度减小，总渗流量逐渐增大。但当取消墙底防渗帷幕（仍保留右岸坝肩基岩防渗帷幕），总渗流量大致为无任何防渗措施下总渗流量的 7.42%，防渗效果并未明显减弱。说明坝基渗流量主要靠防渗墙控制，而防渗墙底的灌浆帷幕对减小坝基渗流量的作用并不明显。

表 8.23　　　　　　　　防渗墙底防渗帷幕深度渗流敏感性计算成果

方案编号	覆盖层防渗帷幕效果	微新岩体渗流量/m³	弱卸荷岩体渗流量/m³	强卸荷岩体渗流量/m³	覆盖层渗流量/m³	防渗墙渗流量/m³	防渗帷幕渗流量/m³	总渗流量/m³
7	60m	182.94	645.00	0.00	716.49	57.44	1603.47	3205.34
7-1	52.78m	183.30	703.65	22.39	776.95	57.30	1489.09	3232.68
7-2	45.56m	185.39	755.17	70.41	860.60	57.06	1347.11	3275.74
7-3	38.34m	182.32	794.59	164.86	978.28	56.64	1167.02	3343.71
7-4	31.12m	179.01	819.10	268.07	1257.80	55.69	907.98	3487.65
7-5	21.56m	174.09	842.99	364.13	1732.01	53.89	571.97	3739.08
7-6	11.99m	168.70	859.28	494.52	2111.99	51.84	302.16	3988.49
7-7	0m	163.08	883.54	606.23	2562.08	47.35	99.73	4361.97
8	/	126.58	490.50	626.07	3186.06	54362.60（坝体渗流量）		58791.81

注　方案 7、方案 7-1～方案 7-7 中右坝肩水平帷幕深度均为 52.52m，基岩和覆盖层总防渗帷幕均按 1Lu 控制；
　　方案 8 为无任何防渗措施。

根据上述分析，对 60.00m 深的防渗墙底的河床覆盖层再增加深达 60.00m 的帷幕灌浆，不但延长工期、增大投资，且防渗效果并不理想。考虑到未来蓄水后，近坝水库死水位以下将逐渐沉积湖相纹泥层而起到天然铺盖效果，其渗透性明显低于河床砂卵砾石层、砂层等，从而进一步降低坝基和绕坝肩渗流。例如，平洞 PD03 中强卸荷区内张开度较大的陡倾角裂隙，普遍充填相对静水环境或湖相环境下的沉积物已起到的阻渗作用，可以说明上述问题。经比较分析，表 8.23 中方案 7-7 的总渗流量未超过河流平均径流量的 3%（规范控制指标），则坝基防渗墙下不采取帷幕灌浆是可行的。

需要说明的是，表 8.23 中随防渗墙底帷幕深度的变化，库水渗流路径对应的渗流梯度也相应变化，从而使得各部位的渗流量也呈规律性的变化。

8.4.5 坝肩岩体各向同性和各向异性渗流对比分析

为说明各向同性和各向异性渗流的差异，并论证电站右坝肩裂隙岩体按各向异性渗流处理的合理性，对前述方案 7 和方案 7-7 基岩同时进行了各向同性渗流计算。两者计算成果见表 8.24。

表 8.24　坝肩岩体各向同性和各向异性渗流计算成果对比

对比方案	方案编号	微新岩体渗流量/m³	弱卸荷岩体渗流量/m³	强卸荷岩体渗流量/m³	覆盖层渗流量/m³	坝体渗流量/m³	总渗流量/m³
方案 7 和方案 7TX 对比	方案 7	182.94	645.00	0.00	716.49	57.44	1601.87
	方案 7TX	258.56	891.93	0.00	735.49	57.16	1943.14
方案 7-7 和方案 7-7TX 对比	方案 7-7	163.08	883.50	606.23	2562.08	47.35	4262.24
	方案 7-7TX	233.44	1131.09	632.54	2593.04	47.04	4637.15

注　方案 7、方案 7-7 为各向同性渗流；方案 7TX、方案 7-7TX 为各向异性渗流；各向同性渗流计算时强卸荷、弱卸荷和微新岩体的渗透系数取主渗透矩阵中的最大渗透系数；右坝肩帷幕水平深度均为 52.52m；防渗墙深度均为 60.00m；方案 7 和方案 7TX 墙底防渗帷幕深度 60.00m；方案 7-7 和方案 7-7TX 墙底无防渗帷幕；各方案防渗帷幕均按 1Lu 控制。

比较各向同性、各向异性渗流计算成果可以看出，方案 7 和方案 7TX 总渗流量差异并不明显，但各渗透区尤其是基岩（对应的微新、弱卸荷和强卸荷）的渗流量差异仍较为显著。结合坝址基岩中裂隙发育特征，以及平洞揭露的卸荷裂隙充填河湖相物质的规律可知，采用裂隙岩体各向异性渗流模型能更好地反映右坝肩岩体垂直向和顺水流向渗透性强、垂河向渗透性弱的特征。因此，右坝肩岩体按各向异性考虑能更好反映蓄水后的绕坝肩渗流特征。

8.4.6 典型方案三维渗流特征

经前述多方案渗流量计算分析，获得了相对较优的渗控方案。从三维渗流计算成果来看，右坝肩帷幕水平深度有 PD04 洞口向里延伸约 52m 足以减少右坝肩绕坝渗流，且基岩中按 1Lu 控制防渗帷幕效果较易实现。坝基覆盖层 60m 深的悬挂式混凝凝土防渗墙能够显著降低坝基渗流。若防渗墙底设置帷幕灌浆还将进一步减少坝基渗流量，且覆盖层中防渗帷幕大致按 5Lu 控制，防渗质量也能够得以保障。考虑到施工工艺、施工周期和工程投资，按总渗流量不超过河流平均径流量的 3% ，则坝基防渗墙下不采取帷幕灌浆是合理的。

为便于设计控制和参考分析，本节仅对方案 7Lu5 和方案 7-7 两种典型方案三维渗流特征进行分析，以论证坝基坝肩发生渗透破坏的可能性。方案 7Lu5 的主要渗控措施为：坝基混凝土防渗墙深 60m，墙底帷幕灌浆垂直深度 60m 且覆盖层防渗帷幕按 5Lu 控制，右坝肩防渗帷幕水平深约 52m 且防渗帷幕按 1Lu 控制。方案 7-7 与方案 7Lu5 的区别在于，方案 7-7 中防渗墙底无防渗帷幕。经比较，方案 7-7 总渗流量低于规范要求的河流平均径流量的 3% ，为最优方案。

（1）方案 7Lu5 渗流计算成果。方案 7Lu5 三维渗流水位等势图见图 8.28～图 8.31，渗流梯度等值线云图见图 8.32～图 8.37。

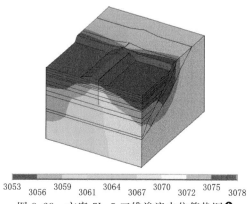

3053　3056　3059　3061　3064　3067　3070　3072　3075　3078

图 8.28　方案 7Lu5 三维渗流水位等势图❶

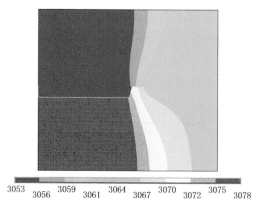

3053　3056　3059　3061　3064　3067　3070　3072　3075　3078

图 8.29　方案 7Lu5 建基面高程 3053.00m 水位等势图

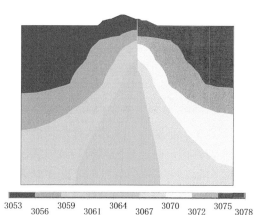

3053　3056　3059　3061　3064　3067　3070　3072　3075　3078

图 8.30　方案 7Lu5 距 PD04 洞口 87m 水位等势图

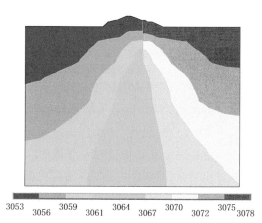

3053　3056　3059　3061　3064　3067　3070　3072　3075　3078

图 8.31　方案 7Lu5 距 PD04 洞口 166m 水位等势图

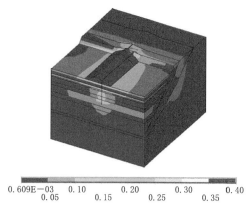

0.609E−03　0.10　0.20　0.30　0.40
　　　0.05　　0.15　　0.25　　0.35

图 8.32　方案 7Lu5 三维渗流梯度等值线云图

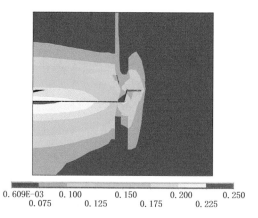

0.609E−03　0.100　0.150　0.200　0.250
　　　0.075　　0.125　　0.175　　0.225

图 8.33　方案 7Lu5 建基面 3053m 高程
渗流梯度等值线云图

---

❶　图中隐去防渗墙和防渗帷幕，下同。

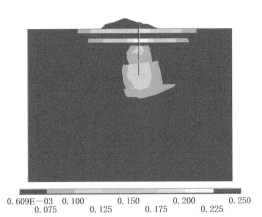

0.609E-03 0.100   0.150   0.200   0.250
    0.075   0.125   0.175   0.225

图 8.34 方案 7Lu5 距 PD04 洞口 87m
渗流梯度等值线云图

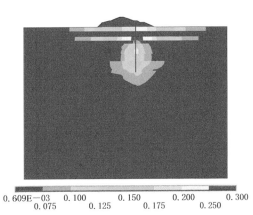

0.609E-03 0.100   0.150   0.200   0.300
    0.075   0.125   0.175   0.250

图 8.35 方案 7Lu5 距 PD04 洞口 166m
渗流梯度等值线云图

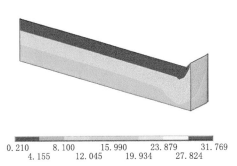

0.210   8.100   15.990   23.879   31.769
    4.155   12.045   19.934   27.824

图 8.36 方案 7Lu5 坝基防渗墙渗流
梯度等值线云图

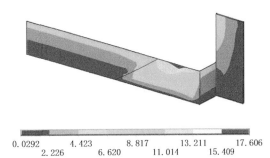

0.0292   4.423   8.817   13.211   17.606
    2.226   6.620   11.014   15.409

图 8.37 方案 7Lu5 坝基坝肩防渗帷幕
渗流梯度等值线云图

（2）方案 7-7 渗流计算成果。方案 7Lu5 三维渗流水位等势图见图 8.38～图 8.41，渗流梯度等值线云图见图 8.42～图 8.47。

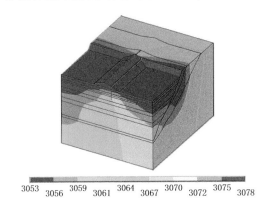

3053 3056 3059 3061 3064 3067 3070 3072 3075 3078

图 8.38 方案 7-7 三维渗流水位等势图

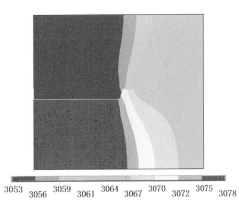

3053 3056 3059 3061 3064 3067 3070 3072 3075 3078

图 8.39 方案 7-7 建基面 3053.00m
高程水位等势图

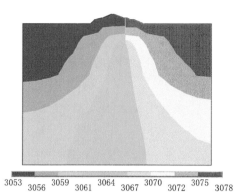

3053　3056　3059　3061　3064　3067　3070　3072　3075　3078

图 8.40　方案 7 - 7 距 PD04 洞口 87m
水位等势图

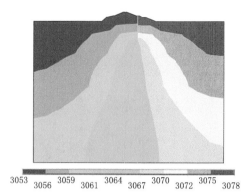

3053　3056　3059　3061　3064　3067　3070　3072　3075　3078

图 8.41　方案 7 - 7 距 PD04 洞口 166m
水位等势图

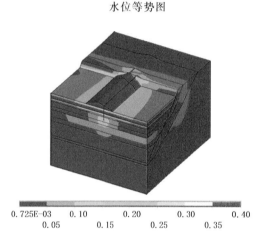

0.725E-03　0.10　　　0.20　　　0.30　　　0.40
　　　0.05　　　0.15　　　0.25　　　0.35

图 8.42　方案 7 - 7 三维渗流梯度等值线云图

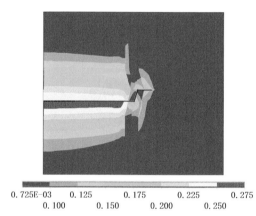

0.725E-03　0.125　　0.175　　0.225　　0.275
　　　0.100　　0.150　　0.200　　0.250

图 8.43　方案 7 - 7 建基面 3053.00m
高程渗流梯度等值线云图

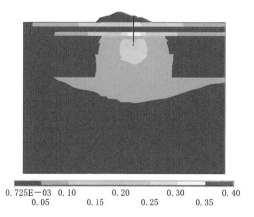

0.725E-03　0.10　　　0.20　　　0.30　　　0.40
　　　0.05　　　0.15　　　0.25　　　0.35

图 8.44　方案 7 - 7 距 PD04 洞口 87m
渗流梯度等值线云图

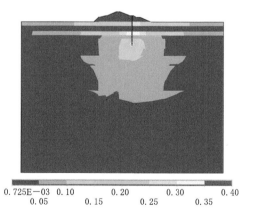

0.725E-03　0.10　　　0.20　　　0.30　　　0.40
　　　0.05　　　0.15　　　0.25　　　0.35

图 8.45　方案 7 - 7 距 PD04 洞口 166m
渗流梯度等值线云图

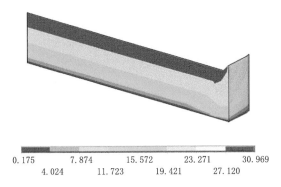

0.175   7.874   15.572   23.271   30.969
    4.024   11.723   19.421   27.120

图 8.46   方案 7-7 坝基防渗墙渗流梯度等值线云图

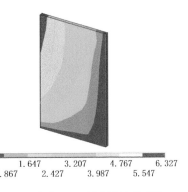

0.087   1.647   3.207   4.767   6.327
    0.867   2.427   3.987   5.547

图 8.47   方案 7-7 坝基防渗帷幕渗
流梯度等值线云图

（3）典型方案成果分析。方案 7-7、方案 7Lu5 的水位等势特征均符合电站坝基坝肩渗流规律。而图 8.32～图 8.37 和图 8.42～图 8.47 渗流梯度较大的部位均在防渗墙、帷幕周围和渗透性差异较大的覆盖层各层交界面部位。坝肩岩体渗流梯度未超允许渗流梯度。坝基覆盖层在防渗墙和防渗帷幕附近局部有超过允许渗流梯度的情况，但因较深部位的围压效应，不会发生渗透破坏。虽然防渗墙和防渗帷幕的渗流梯度较大，但两者因允许渗流梯度较高，不会发生渗透击穿破坏。

方案 7-7、方案 7Lu5 两种方案差异较大的部位主要为防渗墙。方案 7Lu5 墙底防渗帷幕深度大，阻渗效果更加显著。因此，防渗墙和防渗帷幕附近的坝基覆盖层和坝肩卸荷岩体的渗流路径更长，渗流梯度更小。总体而言，除右坝肩部位靠近防渗墙和防渗帷幕附近的渗流梯度较大外，其他部位均较小。因此，两种方案坝基覆盖层和坝肩岩体、防渗墙和防渗帷幕发生渗透的区域较小，水库蓄水后坝基和坝肩防渗体系发生渗透变形破坏的程度较小。需要注意的是，局部靠近地表的区域仍存在浅层渗透破坏的可能。

8.5 小　　结

本章主要对覆盖层中可能出现的主要工程地质问题进行了分析评价，如变形稳定、砂土液化、渗漏和渗透稳定等。分析结果表明：砂砾石复合坝地基覆盖层不存在大的不均匀沉降变形问题。但是，由于坝基右岸下伏基岩顶板沿坝轴线方向向河床（左岸方向）呈 40°倾斜，且覆盖层分层（组）较多、物质成分和结构不均匀，一定深度范围内大坝地基存在"右硬左软"特征，可能导致坝基产生不均匀沉降变形。第 2 层（Q_4^{al}-Sgr_2）、第 3 层（Q_4^{al}-Sgr_1）岩组中夹粉细砂层透镜体（Q_4^{al}-Ss），可能发生震动液化；第 6 层（Q_3^{al}-IV_1）在地表动峰值加速度为 0.206g（Ⅷ度）时河床部位发生砂层液化可能性较大；第 8 层（Q_3^{al}-Ⅱ）在地表动峰值加速度为 0.206g（Ⅷ度）时砂层不液化；电站的泄洪闸、厂房坝基存在渗漏、渗透变形破坏，特别是发生渗透变形破坏的可能性较大。

　　本章揭示了深厚覆盖层存在的主要工程地质问题，结合深厚覆盖层易于发生管涌的特点，重点开展了管涌渗透破坏机理分析，建立了含贯通管道多孔介质渗流-自由流耦合模型，推求了渗流-自由流耦合条件下界面水流拖曳力，揭示了差异流速界面颗粒冲刷启动机理，确定了发生管涌渗透破坏的临界条件。本章对超深覆盖层潜在工程地质问题的分析成果为电站坝基安全防治设计提供了重要依据。

第9章 超深覆盖层工程处理措施及治理效果评价

依托工程的覆盖层具有厚度大、空间展布复杂、物质组成多变、各岩组工程性质差异大等特点，因此可能产生的工程地质问题也相对复杂。通过大量勘探、试验及专题研究，对坝址区覆盖层的厚度、空间展布、物质组成特征、各岩组工程性质及可能产生的工程地质问题等方面进行了深入的了解。全面系统的分析研究认为覆盖层具有良好工程特性，但仍有一些工程地质问题对建设施工及正常运行会产生影响。在地基稳定方面，主要存在坝基沉降问题；在渗透稳定方面，渗透变形和坝基渗漏威胁大坝安全正常运行。

为保证建设和运行期的安全性，需对存在工程地质问题的区域进行科学合理的治理。

9.1 工 程 处 理 措 施

9.1.1 地基沉降处理

根据前述计算分析，分布于现代河床表部的第 2 岩组（含漂石砂卵砾石层 Q_4^{al} - Sgr_2）有较好的物理力学性质，其承载力、变形模量能够达到要求。但是，其表部覆盖层较松散，厚度一般为 6～10m，局部夹有砂层透镜体。位于现代河床浅部的第 6 层、第 8 层岩组（冲积中细～中粗砂层）物理力学性质较差，承载力和变形模量达不到要求，会产生设计不允许的地基沉降变形。

依据工程地质评价结果，以及对坝基覆盖层物理力学性质和坝基设计的要求，为改善坝基力学性能并增加其密实度，地基采取的加固处理措施如下：

（1）对位于现代河床表部的第 2 层岩组表面松散部分进行适当清除，此后碾压、夯实。

（2）对第 6 层、第 8 层岩组（冲积中细～中粗砂层）采用强夯、振冲、固结灌浆、堆载预压等方法进行地基加固处理。

（3）对位于现代河床表部的第 2 岩组的砂层透镜体，采用开挖置换处理。

9.1.2 渗流控制措施

根据前述分析，大坝建成运行过程中，坝基覆盖层尤其下游坝趾处覆盖层会出现水力坡降超过允许坡降情况，出逸段有发生渗透破坏的可能性。如果不采取渗流控制措施，极有可能发生管涌或流土，危及大坝安全，因此需对其采取防渗处理措施。

砂砾石坝基防渗措施一般有水平和垂直两种方案，前者如水平铺盖、延长坝基渗流路径，适用于组成比较简单的深厚砂砾石层上的中低坝；后者如截水槽、混凝土防渗墙、帷幕灌浆等，可以完全切断砂砾石层，防渗最为彻底，适用于多种地层组成的坝基、各种坝高或对坝基渗漏量有严格要求的情况。

除以上防渗措施外，针对不同防渗方案，在大坝特殊位置采取多种排渗措施，安全排

151

泄渗水、降低出逸段逸出比降，使得土颗粒不随逸出水流流失，以保障土体的稳定性。土石坝下游坝趾处，一般采用水平褥垫排水、反滤排水沟、减压井或透水盖重等措施。

前期调查发现坝址周边地区缺少黏土料源，水平铺盖黏土材料获取困难。对于垂直防渗，覆盖层厚度大，若进行全封闭灌浆，工程造价高且施工难度大，工程质量难以保证。经对比分析，最终采用部分铺盖与悬挂式防渗帷幕相结合的防渗措施。

对于土石坝，由于均质坝体内浸润线位置较高，坝体内部的渗流作用会影响坝体的稳定性。由于黏土料获取困难，最终采用混凝土防渗墙作为坝体内部的防渗结构。

9.1.3　砂土液化处理

《碾压式土石坝设计规范》（DL/T 5395—2007）第 8.5.2 条规定：对判定为可能液化的土层，应挖除、换土。挖除困难或不经济时，可采取人工加密措施。对浅层宜用表面振动压密法，对深层宜用振冲、强夯等方法加密，还可结合振冲处理设置砂石桩，加强坝基排水，以及采取盖重等防护措施。

经综合复判，第 2 层（$Q_4^{al} - Sgr_2$）、第 3 层（$Q_4^{al} - Sgr_1$）岩组中夹粉细砂层透镜体（$Q_4^{al} - Ss$）可能发生震动液化。但其埋深浅、厚度薄，且透镜体呈不连续分布，对工程危害性相对较小，工程开挖时清除即可。第 6 层（$Q_3^{al} - Ⅳ_1$）在地表动峰值加速度为 0.206g（Ⅷ度）时，河床部位发生砂层液化的可能性较大，需做工程处理。第 8 层（$Q_3^{al} - Ⅱ$）在地表动峰值加速度为 0.206g（Ⅷ度）时，不发生砂层液化。坝基地震液化的处理方案为反压平台和振冲碎石桩。

（1）反压平台。为防止局部地震液化，在下游坝坡后部设置 25m 长反压平台，平台顶高程为 3062.00m，底部为水平排水体、反滤保护层，上部填筑砂砾石料。

（2）振冲碎石桩。在坝下 0+060.00 至坝下 0+080.00 范围内，正三角形布设桩径 1m、间距 3m×3m、桩深 15m 的振冲碎石桩，形成复合地基。

振冲碎石桩能够在反压平台的基础上，进一步降低地基地震液化的可能性，为土工膜防渗砂砾石坝下游坝坡的稳定提供保障。

9.1.4　其他措施

根据模拟结果，坝趾处坝体和覆盖层均存在出逸比降较大问题，可采用相应的措施安全排渗，降低坝基扬压力、保护出逸段稳定。排渗措施一般有水平褥垫、反滤排水沟、减压井或透水盖重。

水平排水褥垫成片连续铺在坝基上，由下游坝趾沿坝基向坝体内延伸。主要由堆石或卵砾石组成，外包反滤层。水平褥垫深入坝体的长度为坝底宽度的 1/4～1/3，具体取决于降低坝体浸润线的要求，并能够控制坝基渗透比降不超过允许值。其厚度应根据排水量为渗流量 2～3 倍的要求计算确定，一般为 1～2m。该方法适用于均质或上层透水性大于下层的双层地基。

反滤排水沟设置在下游坝趾处，沿坝轴方向开挖沟道，沿沟四周与坝基接触面填反滤材料，进而在沟内填堆石或卵砾石。沟底宽度一般大于 1m～2m，深度需穿透表层弱透水层。该方法适用于覆盖层为双层结构、上层比下层透水性小且上层厚度较小的情况。

减压井由井管和上部出水口组成，设置于下游坝趾处，穿过弱透水层直达强透水层进行排水减压。井距、井径和井深根据相关计算确定，使位于减压井之间弱透水层底面上的水头不超过允许值。该方法适用于表层弱透水层较厚、覆盖层由多层地层组成的情况，其缺点是会加大坝基渗流量。

透水盖重与反滤排水沟所适用的地层类似，均为表层弱透水层、下部强透水层，渗透水流向上作用于弱透水层底面产生承压水。透水盖重由砂、砂砾、石料等透水材料组成，设置于出逸段覆盖层表面，增大覆盖压力的同时排泄渗水，保护下游覆盖层稳定。

排渗措施需结合坝体和覆盖层内的防渗措施，综合分析确定一种或几种组合方案，保证坝趾、坝踵和出逸覆盖层的稳定性。

综上所述，基于坝址区深厚覆盖层存在的变形稳定、渗漏和渗透稳定、砂土液化等工程地质问题，提出了具有针对性的工程处理措施。针对坝基承载力不足和地基不均匀沉降，对不同部位岩组可分别采用碾压夯实、固结灌浆、堆载预压、开挖置换等方法。针对可能发生的渗漏和渗透破坏，结合工程实际，采用部分水平铺盖与悬挂式防渗帷幕相结合的防渗措施，并结合水平褥垫、反滤排水沟、减压井或透水盖重等措施保护出逸段稳定。针对可能存在的砂土液化，在下游坝坡后部设置反压平台、局部布设振冲碎石桩形成复合地基，进一步降低地基地震液化可能性。

9.2 变 形 监 测

针对电站坝基存在的渗漏、沉降变形、渗透变形破坏等工程地质问题，进行了工程治理。施工运行期采用倾斜仪、位移计、水准测量、水准监测控制网、平面变形控制网等手段，对坝体及附属设施进行了变形监测。采用渗压计、现场量测等手段，监测了库水位和坝基渗流变化。通过上述原位监测，验证、反馈了工程治理措施的有效性。

9.2.1 左副坝防渗墙固定式倾斜仪
9.2.1.1 监测仪器布置
左副坝防渗墙固定式倾斜仪安装位置见表9.1。

表 9.1　　　　　　　左副坝防渗墙固定式倾斜仪安装位置表

序号	仪器编号	断面	位置	高程/m	桩号	轴距	安装日期
1	IN01－FS3			3023.00			
2	IN02－FS3			3027.00			
3	IN03－FS3			3031.00			
4	IN04－FS3			3035.0			
5	IN05－FS3	3—3′断面	左副坝防渗墙	3039.00	坝左 0+250.0	坝上 0－014.50	2014－10－09
6	IN06－FS3			3043.00			
7	IN07－FS3			3047.00			
8	IN08－FS3			3051.00			
9	IN09－FS3			3055.00			
10	IN10－FS3			3059.00			

9.2.1.2　监测资料分析

左副坝固定式倾斜仪偏移是数据统计见表 9.2，位移变化过程线如图 9.1 和图 9.2 所示。

表 9.2　　　　　　　　　　　左副坝固定式倾斜仪偏移量数据统计表

序号	仪器编号	测值方向	最大值/mm	最大值出现时间	最小值/mm	最小值出现时间	平均值/mm	变幅/mm	当前值/mm
1	IN01－FS3	A	0.9	2015－07－30 10：03	−0.2	2015－01－10 10：40	0.7	1.0	0.8
		B	0.6	2015－04－11 16：00	−0.3	2015－01－10 10：40	0.4	0.9	0.4
2	IN02－FS3	A	7.3	2017－05－15 12：00	−2.0	2015－01－25 10：40	6.1	9.4	6.6
		B	8.5	2016－08－22 12：00	−1.4	2015－01－10 10：40	7.7	9.9	7.8
3	IN03－FS3	A	10.8	2017－04－11 12：00	−0.7	2014－11－07 10：38	9.7	11.5	10.5
		B	7.5	2017－02－25 12：00	−1.0	2015－01－25 10：40	6.7	8.5	7.2
4	IN04－FS3	A	18.8	2015－06－27 10：18	−0.4	2014－11－03 10：38	17.8	19.2	18.2
		B	19.4	2017－01－25 12：00	−0.2	2014－10－10 9：35	18.6	19.6	19.0
5	IN05－FS3	A	6.1	2017－05－05 12：00	−2.3	2015－01－10 10：40	5.4	8.4	5.8
		B	6.4	2017－03－01 12：00	−2.4	2015－01－25 10：40	5.5	8.8	5.5
6	IN06－FS3	A	4.9	2015－07－22 11：00	−3.5	2015－01－10 10：40	−0.3	8.4	0.4
		B	20.9	2017－01－31 12：00	−0.2	2014－10－10 9：35	12.4	21.1	12.2
7	IN07－FS3	A	8.0	2017－06－01 12：00	−2.9	2015－01－18 10：30	6.9	10.9	7.8
		B	7.5	2017－03－11 12：00	−1.7	2015－01－25 10：40	6.5	9.1	6.9
8	IN08－FS3	A	5.5	2015－06－27 10：18	−1.5	2015－01－10 10：40	5.1	7.0	5.3
		B	12.5	2017－04－03 12：00	−0.2	2014－12－19 9：30	11.0	12.8	12.1
9	IN09－FS3	A	5.0	2015－04－06 15：00	−13.0	2017－06－02 12：00	−9.8	18.0	−12.8
		B	4.2	2015－06－01 18：00	−6.5	2017－03－27 12：00	−4.6	10.7	−6.1
10	IN10－FS3	A	12.4	2017－06－13 12：00	−2.2	2015－01－25 10：40	10.0	14.6	12.3
		B	7.1	2017－06－020 12：00	−1.2	2015－1－25 10：40	6.3	8.3	7.1

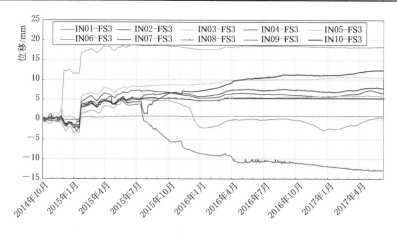

图 9.1　IN－FS3（A 轴/下游方向）位移变化过程线

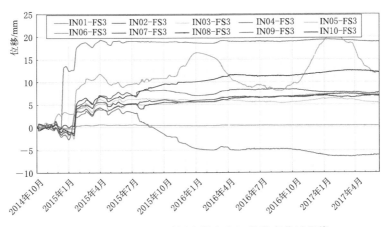

图 9.2　IN-FS3（B 轴/右岸方向）位移变化过程线

表 9.2、图 9.1、图 9.2 的监测数据显示，施工期（截流前）左副坝防渗墙固定式倾斜仪在 2015 年 1 月 31 日发生突变，经分析查证，确定为此类仪器的加长电缆造成了读数的偏差，而并非防渗墙发生了大幅度变形。

左副坝防渗墙固定式倾斜仪蓄水后没有大的变化，部分测斜仪（IN6-FS3，高程3043m 处）呈季节性规律变化。推测原因为，原状土与回填土的交界部位，受地层温度变化导致应力改变而形成的规律性波动。尤其是沿 B 轴（纵向长边方向），温度引起的热胀冷缩现象更为明显，例如防渗墙顶部仪器 IN09-FS3 和 IN10-FS3 向相反方向缓慢变化。

9.2.2　砂砾石坝防渗墙固定式倾斜仪

9.2.2.1　监测仪器布置

砂砾石坝段防渗墙固定式倾斜仪安装位置见表 9.3。

表 9.3　　　　　　　　　砂砾石坝段防渗墙固定式倾斜仪安装位置表

序号	仪器编号	断面	位置	高程/m	桩号	轴距	安装日期
1	IN01-FS9			3022.00			
2	IN02-FS9			3028.00			
3	IN03-FS9			3030.00			
4	IN04-FS9			3034.50			
5	IN05-FS9			3039.00			
6	IN06-FS9	9—9′断面	防渗墙	3041.00	坝右 0-117.2	坝上 0-034.85	2015-05-07
7	IN07-FS9			3049.50			
8	IN08-FS9			3051.80			
9	IN09-FS9			3055.00			
10	IN10-FS9			3061.00			
11	IN11-FS9			3068.10			

序号	仪器编号	断面	位置	高程/m	桩号	轴距	安装日期
12	IN01 – FS10			3022.00			
13	IN02 – FS10			3026.00			
14	IN03 – FS10			3033.00			
15	IN04 – FS10			3039.50			
16	IN05 – FS10	10—10′断面	防渗墙	3041.50	坝右 0 - 191.6	坝上 0 - 034.85	2015 - 05 - 14
17	IN06 – FS10			3048.00			
18	IN07 – FS10			3051.30			
19	IN08 – FS10			3055.00			
20	IN09 – FS10			3061.00			
21	IN10 – FS10			3068.10			

9.2.2.2　监测资料分析

砂砾石坝段固定式倾斜仪偏移量数据统计见表 9.4、表 9.5，位移过程线如图 9.3~图 9.6 所示。

表 9.4　　砂砾石坝段（9—9′断面）固定式倾斜仪偏移量数据统计表

序号	仪器编号	测值方向	最大值/mm	最大值时间	最小值/mm	最小值时间	平均值/mm	变幅/mm	当前值/mm
1	IN01 – FS9	A	0.8	2015 - 07 - 12 15：27	-1.2	2015 - 06 - 20 18：30	-0.7	2.0	-0.9
		B	2.0	2016 - 07 - 17 18：00	-1.2	2017 - 06 - 20 0：00	1.5	3.2	-1.2
2	IN02 – FS9	A	0.0	2015 - 05 - 08 14：35	-5.5	2015 - 07 - 20 10：12	-1.6	5.5	-1.4
		B	-1.1	2015 - 05 - 08 14：35	-9.6	2017 - 07 - 20 10：12	-5.2	8.5	-4.8
3	IN03 – FS9	A	5.5	2017 - 06 - 02 0：00	0.6	2015 - 05 - 08 14：35	4.1	4.9	5.4
		B	2.4	2017 - 06 - 01 0：00	-0.4	2015 - 05 - 13 9：55	1.4	2.8	2.2
4	IN04 – FS9	A	0.7	2017 - 01 - 29 0：00	-7.9	2017 - 06 - 15 0：00	-4.2	8.6	-7.8
		B	14.0	2017 - 06 - 16 0：00	0.3	2015 - 05 - 08 14：35	9.9	13.7	13.9
5	IN05 – FS9	A	7.4	2017 - 01 - 31 0：00	1.0	2015 - 08 - 14 9：40	5.6	6.4	5.4
		B	36.0	2017 - 06 - 02 0：00	6.5	2015 - 05 - 08 14：35	27.5	29.6	35.2
6	IN06 – FS9	A	3.9	2017 - 06 - 12 0：00	0.3	2015 - 05 - 08 14：35	2.9	3.6	3.8
		B	0.6	2016 - 07 - 16 18：00	-4.7	2017 - 06 - 20 0：00	-0.6	5.3	-4.7
7	IN07 – FS9	A	7.6	2015 - 08 - 02 16：49	0.0	2017 - 05 - 06 0：00	2.1	7.6	0.7
		B	2.8	2015 - 08 - 02 16：49	-6.1	2016 - 06 - 03 18：00	-3.6	8.9	-5.4
8	IN08 – FS9	A	2.8	2017 - 06 - 13 0：00	-0.2	2015 - 05 - 13 9：55	2.4	2.9	2.7
		B	2.3	2015 - 08 - 02 16：49	-0.2	2015 - 07 - 20 0：12	1.4	2.5	1.7
9	IN09 – FS9	A	1.7	2017 - 06 - 12 0：00	-1.6	2016 - 01 - 11 10：38	0.9	3.3	1.7
		B	5.5	2017 - 01 - 15 0：00	-0.2	2015 - 05 - 08 14：35	4.6	5.7	4.5

序号	仪器编号	测值方向	最大值/mm	最大值时间	最小值/mm	最小值时间	平均值/mm	变幅/mm	当前值/mm
10	IN10－FS9	A	4.1	2017－06－02 0：00	－3.5	2016－01－11 10：38	3.0	7.6	3.8
		B	1.0	2016－09－06 18：00	－6.1	2016－01－11 10：38	0.3	7.2	1.0
11	IN11－FS9	A	12.7	2017－01－23 0：00	－0.9	2015－05－13 9：55	10.6	13.6	11.0
		B	3.8	2017－05－19 0：00	－6.3	2016－03－02 15：39	1.7	10.1	2.5

表 9.5　　砂砾石坝段（10—10′断面）固定式倾斜仪偏移量数据统计表

序号	仪器编号	测值方向	最大值/mm	最大值时间	最小值/mm	最小值时间	平均值/mm	变幅/mm	当前值/mm
1	IN01－FS10	A	24.8	2017－02－04 18：00	－3.9	2016－04－09 0：00	19.6	28.7	22.6
		B	18.5	2017－02－04 18：00	－3.9	2016－04－01 0：00	13.6	22.4	16.9
2	IN02－FS10	A	3.1	2015－06－27 15：57	－1.7	2015－07－20 10：12	1.1	4.7	0.2
		B	1032.5	2017－02－03 18：00	－6.4	2015－07－20 10：12	742.7	1038.9	841.4
3	IN03－FS10	A	6.4	2017－02－04 18：00	－16.3	2016－09－12 18：00	－5.4	22.7	－9.4
		B	943.8	2017－01－04 18：00	－8.1	2016－04－26 0：00	498.5	952.0	438.9
4	IN04－FS10	A	8.4	2017－02－04 18：00	－42.3	2016－09－11 18：00	－14.4	50.7	－19.0
		B	109.7	2016－09－09 18：00	－77.5	2017－02－08 18：00	35.0	187.2	65.1
5	IN05－FS10	A	80.0	2016－05－01 0：00	－18.9	2017－02－17 18：00	－12.4	98.9	－17.4
		B	121.2	2016－05－01 0：00	－3.1	2016－04－27 0：00	76.8	124.3	88.9
6	IN06－FS10	A	16.4	2016－04－29 0：00	－8.3	2016－03－02 15：39	6.9	24.7	－0.5
		B	6.9	2016－10－01 18：00	－7.0	2016－03－02 15：39	4.5	14.0	5.2
7	IN07－FS10	A	34.4	2016－03－31 0：00	－253.1	2017－04－18 18：00	－110.4	287.5	－165.9
		B	8.0	2017－01－12 18：00	－7.3	2016－05－11 18：00	1.8	15.2	2.6
8	IN08－FS10	A	0.5	2015－08－03 18：00	－5.7	2016－01－11 10：38	－0.6	6.2	0.2
		B	1.2	2016－10－01 18：00	－5.7	2016－01－11 10：38	0.3	6.9	0.0
9	IN09－FS10	A	8.7	2015－07－25 16：30	1.5	2015－12－04 14：48	7.7	7.2	7.9
		B	－3.4	2015－07－25 16：30	－9.8	2015－12－04 14：48	－3.6	6.4	－3.4
10	IN10－FS10	A	81.9	2017－01－19 0：00	－101.5	2016－05－04 0：00	－10.8	183.4	－12.7
		B	116.0	2016－09－04 18：00	－7.7	2016－03－02 15：39	73.1	123.7	106.7

　　根据倾斜仪监测数据，蓄水后上游库水对砂砾石坝段防渗墙变形产生一定影响。其中对FS9 断面固定式倾斜仪影响不大，主要是加长电缆的影响，其次是地层温度周期性变化引起测值的周期性变化。尤其是沿 B 轴（纵向长边方向），温度引起的热胀冷缩现象更为明显。

　　FS－10 断面个别测点变位较大，除受电缆加长影响外，还受到地层温度变化而引起的测值周期性变化。FS－10 断面部分测点测值异常，其原因是 2016 年厂用电异常升高造成自动化数据采集模块通道故障。

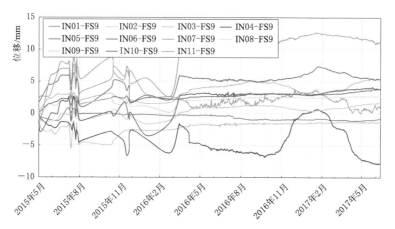

图 9.3　IN-FS9（A 轴/下游方向）位移变化过程线

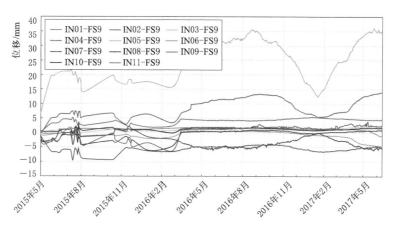

图 9.4　IN-FS9（B 轴/右岸方向）位移变化过程线

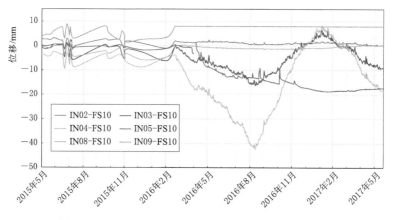

图 9.5　IN-FS10（A 轴/下游方向）位移变化过程线

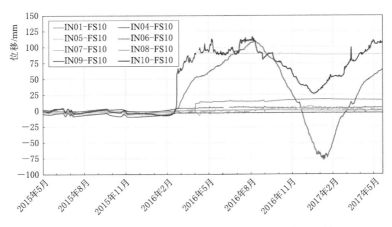

图 9.6　IN-FS10（B 轴/右岸方向）位移变化过程线

9.2.3 砂砾石坝段电磁沉降管

9.2.3.1 监测仪器布置

砂砾石坝段电磁沉降管安装在坝右 0+70.0 断面和坝右 0+170.0 断面，共布置 4 套电磁沉降管。

9.2.3.2 监测资料分析

砂砾石坝段 SLSB-1 断面上游电磁沉降管监测数据统计结果见表 9.6。砂砾石坝段电磁沉降管监测数据过程线图（ES01-SLSB1）如图 9.7 所示。

表 9.6　　　　砂砾石坝段 SLSB-1 断面上游电磁沉降管监测数据统计结果

序号	观测日期	盘 1 沉降 /mm	盘 2 沉降 /mm	盘 3 沉降 /mm	盘 4 沉降 /mm	盘 5 沉降 /mm	盘 6 沉降 /mm	盘 7 沉降 /mm	盘 8 沉降 /mm
1	2016-12-24	400	367	358	323	292	273	198	227
2	2017-03-06	396	363	351	315	287	269	193	225
3	2017-03-22	405	366	356	321	295	277	199	227
4	2017-04-26	405	387	356	327	296	276	199	231

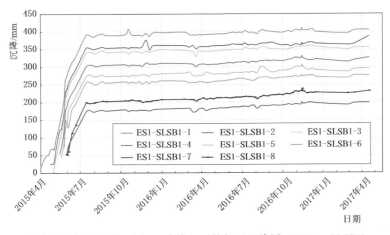

图 9.7　砂砾石坝段电磁沉降管监测数据过程线图（ES01-SLSB1）

砂砾石坝段 SLSB-1 断面下游电磁沉降管监测数据统计结果见表9.7。砂砾石坝段电磁沉降管监测数据过程线图（ES02-SLSB1）如图9.8所示。

表 9.7　　　　　砂砾石坝段 SLSB-1 断面下游电磁沉降管监测数据统计结果

序号	观测日期	盘1沉降/mm	盘2沉降/mm	盘3沉降/mm	盘4沉降/mm	盘5沉降/mm
1	2016-12-24	143	175	164	161	143
2	2017-03-06	145	175	165	162	145
3	2017-03-22	145	176	166	158	145
4	2017-04-26	147	176	163	160	147

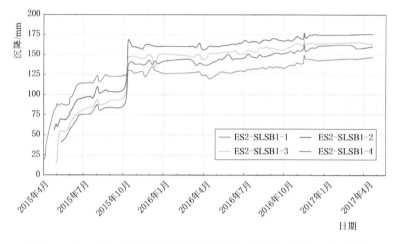

图 9.8　砂砾石坝段电磁沉降管监测数据过程线图（ES02-SLSB1）

砂砾石坝段 SLSB-2 断面上游电磁沉降管监测数据统计结果见表9.8。砂砾石坝段电磁沉降管监测数据过程线图（ES01-SLSB2）如图9.9所示。

表 9.8　　　　　砂砾石坝段 SLSB-2 断面上游电磁沉降管监测数据统计结果

序号	观测日期	盘2沉降/mm	盘3沉降/mm	盘4沉降/mm	盘5沉降/mm	盘6沉降/mm	盘7沉降/mm	盘8沉降/mm
1	2016-12-24	200	170	170	81	86	50	73
2	2017-03-06	202	174	168	84	89	49	68
3	2017-03-22	207	172	172	83	91	51	71
4	2017-04-26	198	170	168	83	84	50	69

砂砾石坝段 SLSB-2 断面下游电磁沉降管监测数据统计结果见表9.9。砂砾石坝段电磁沉降管监测数据过程线图（ES02-SLSB2）如图9.10所示。

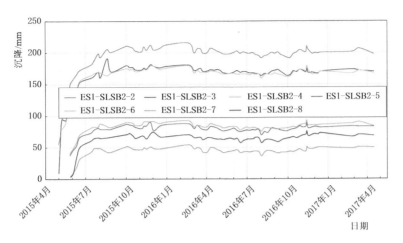

图 9.9　砂砾石坝段电磁沉降管监测数据过程线图（ES01－SLSB2）

表 9.9　　　　　　砂砾石坝段 SLSB－2 断面下游电磁沉降管监测数据统计结果

序号	观测日期	盘 1 沉降/mm	盘 2 沉降/mm	盘 3 沉降/mm	盘 4 沉降/mm	盘 5 沉降/mm
1	2016－12－24	201	184	167	141	116
2	2017－03－06	195	181	164	134	110
3	2017－03－22	204	186	168	137	114
4	2017－04－26	205	184	168	139	113

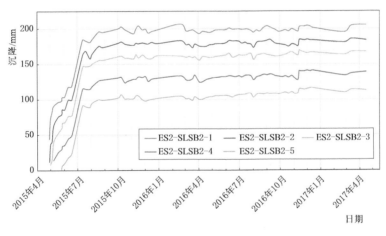

图 9.10　砂砾石坝段电磁沉降管监测数据过程线图（ES02－SLSB2）

　　根据以上监测数据，砂砾石坝段 2 个断面、4 支电磁沉降管的监测数据趋于收敛。从施工期、运行期至 2017 年的沉降来看，左岸侧沉降较大，右岸侧沉降较小，符合砂砾石坝段地基覆盖层右浅左深的特征。

　　砂砾石坝段电磁沉降管蓄水前变幅不大，蓄水发电后沉降也无大幅度发展。基础沉降值在设计允许范围内，随坝体的沉降发生同步变化，测值出现波动的原因与观测者更换、管口高程精度及沉降测量尺热胀冷缩导致读数准确度下降有关。

9.2.4　砂砾石坝段五联式土体位移计

9.2.4.1　监测仪器布置

砂砾石坝段五联式土体位移计布置示意如图 9.11 所示，埋设情况见表 9.10。

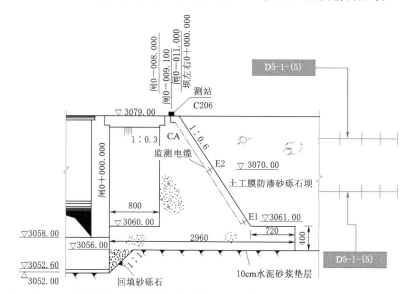

图 9.11　砂砾石坝段五联式土体位移计布置示意图（单位：高程 m，尺寸 cm）

表 9.10　　　　　　　　　砂砾石坝段五联式土体位移计埋设情况统计表

序号	仪器编号	位置	高程/m	桩号	轴距	安装日期
1	D5－1－（1）					
2	D5－1－（2）					
3	D5－1－（3）					2015－06－21
4	D5－1－（4）					
5	D5－1－（5）	砂砾石坝	3077.00	闸右 0－031.6	闸下 0＋006.75	
6	D5－2－（1）					
7	D5－2－（2）					
8	D5－2－（3）					2015－06－01
9	D5－2－（4）					
10	D5－2－（5）					

9.2.4.2　监测资料分析

砂砾石坝段五联式土体位移计监测数据统计结果见表 9.11。砂砾石坝段五联式土体位移计（D5－1、D5－2）监测数据过程线如图 9.12 和图 9.13 所示。

表 9.11　　　　　　　　　砂砾石坝段五联式土体位移计监测数据统计结果

序号	仪器编号	最大值/mm	最大值时间	最小值/mm	最小值时间	平均值/mm	变幅/mm	当前值/mm	备注
1	D5－1－（1）	1.0	2016－12－21 18：00	0.4	2015－07－05 11：00	0.9	0.6	0.99	

续表

序号	仪器编号	最大值 /mm	最大值时间	最小值 /mm	最小值时间	平均值 /mm	变幅 /mm	当前值 /mm	备注
2	D5-1-(2)	0.1	2015-06-24 8：45	-2.2	2015-08-13 9：30	-1.3	2.3	—	2016年5月通道故障
3	D5-1-(3)	0.9	2017-01-25 18：00	-0.3	2015-07-21 9：20	0.4	1.2	0.26	
4	D5-1-(4)	2.2	2017-04-05 18：00	-0.4	2015-06-24 8：45	2.0	2.7	2.21	
5	D5-1-(5)	0.3	2015-11-13 10：20	-1.1	2015-07-21 9：20	0.0	1.4	0.03	
6	D5-2-(1)	3.1	2017-04-12 18：00	2.2	2015-06-20 16：15	2.8	0.8	2.98	
7	D5-2-(2)	0.6	2017-04-26 18：00	-0.1	2015-06-20 16：15	0.5	0.8	0.65	
8	D5-2-(3)	1.0	2017-06-07 18：00	-0.1	2015-06-20 16：15	0.9	1.2	1.05	
9	D5-2-(4)	0.7	2015-10-13 9：57	-0.7	2015-07-21 9：20	0.5	1.4	0.68	
10	D5-2-(5)	0.3	2017-05-24 18：00	-0.9	2015-06-20 16：15	0.2	1.2	0.31	

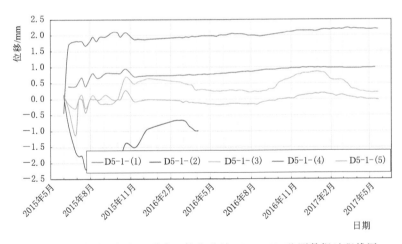

图 9.12 砂砾石坝段五联式土体位移计（D5-1）监测数据过程线图

根据上述监测数据过程曲线，砂砾石坝段五联式土体位移计在安装、蓄水后变形不大，变形主要受上层坝体填筑的影响。砂砾石坝段填筑至坝顶期间位移计变化量较小，蓄水后测值基本稳定，年度变化量很小。

9.2.5 坝顶水平位移

9.2.5.1 监测仪器布置

水平位移测量采用无墩视准线测量方法，视准线测点在左副坝设置5套、安装间设置

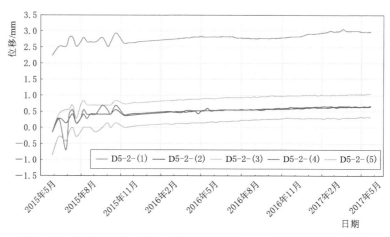

图 9.13 砂砾石坝段五联式土体位移计（D5-2）监测数据过程线图

2 套、厂房设置 2 套、泄洪闸设置 9 套、砂砾石坝段设置 5 套，测点架设无墩视准线支架，活动支架上设活动觇标。左坝肩、右坝肩各设置 1 个视准线控制墩，观测坝体各段水平位移，观测仪器采用 TM30 全站仪。分别在左坝肩和帷幕灌浆洞口布置两个控制观测墩，用于监测整个坝段的水平位移。无墩视准线结构如图 9.14 所示，坝顶视准线测点安装位置见表 9.12。

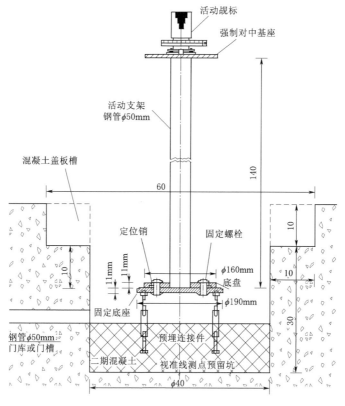

图 9.14 无墩视准线结构图（单位：cm）

表 9.12 坝顶视准线测点安装位置表

序 号	仪器编号	位 置	备 注
1	SA5 - ZFB	左副坝 5 号块坝顶	
2	SA4 - ZFB	左副坝 4 号块坝顶	
3	SA3 - ZFB	左副坝 3 号块坝顶	
4	SA2 - ZFB	左副坝 2 号块坝顶	
5	SA1 - ZFB	左副坝 1 号块坝顶	
6	SA2 - AZJ	安装间 2 号块坝顶	
7	SA1 - AZJ	安装间 1 号块坝顶	
8	SA2 - CF	厂房 2 号块坝顶	
9	SA1 - CF	厂房 1 号块坝顶	
10	SA9 - XZ	生态放水孔坝顶	
11	SA8 - XZ	8 号泄洪闸坝顶	
12	SA7 - XZ	7 号泄洪闸坝顶	测点
13	SA6 - XZ	6 号泄洪闸坝顶	
14	SA5 - XZ	5 号泄洪闸坝顶	
15	SA4 - XZ	4 号泄洪闸坝顶	
16	SA3 - XZ	3 号泄洪闸坝顶	
17	SA2 - XZ	2 号泄洪闸坝顶	
18	SA1 - XZ	1 号泄洪闸坝顶	
19	SA1 - SLSB	右岸砂砾石坝坝顶	
20	SA2 - SLSB	右岸砂砾石坝坝顶	
21	SA3 - SLSB	右岸砂砾石坝坝顶	
22	SA4 - SLSB	右岸砂砾石坝坝顶	
23	SA5 - SLSB	右岸砂砾石坝坝顶	
24	TB - 01	左坝肩	控制墩
25	TB - 02	右坝肩帷幕灌浆洞口	

9.2.5.2 监测资料分析

坝顶视准线测点安装位置见表 9.12。施工期坝顶不具备通视条件，水平位移观测采用小角法测量，具备通视条件后采用活动觇标法观测。水平位移测量成果见表 9.13。

表 9.13 水平位移测量成果表

序号	仪 器 编 号	小角度法位移/mm (2015 - 06 - 07— 2015 - 12 - 21)	活动觇标法位移/mm (2015 - 12 - 25— 2017 - 07 - 02)	累计位移/mm (2015 - 06 - 07— 2017 - 07 - 02)
1	SA5 - ZFB	0.7	-1.4	-0.7
2	SA4 - ZFB	1.3	0.9	2.2
3	SA3 - ZFB	2.2	1.4	3.6

序号	仪 器 编 号	小角度法位移/mm (2015－06－07－ 2015－12－21)	活动觇标法位移/mm (2015－12－25－ 2017－07－02)	累计位移/mm (2015－06－07－ 2017－07－02)
4	SA2－ZFB	9.4	4.2	13.6
5	SA1－ZFB	5.3	7.5	12.8
6	SA2－AZJ	5.2	9.1	14.3
7	SA1－AZJ	7.1	10.5	17.6
8	SA2－CF	5.9	0.1	6.0
9	SA1－CF	5.7	－0.3	5.4
10	SA9－XZ	9.8	－0.5	9.3
11	SA8－XZ	10.2	－0.9	9.3
12	SA7－XZ	10.4	－0.3	10.1
13	SA6－XZ	10.3	－0.7	9.6
14	SA5－XZ	9.9	0.5	10.4
15	SA4－XZ	10.3	0.5	10.8
16	SA3－XZ	10.1	－2.1	8.0
17	SA2－XZ	8.7	－1.0	7.7
18	SA1－XZ	5.7	0.8	6.5
19	SA1－SLSB		1.2	1.2
20	SA2－SLSB		1.7	1.7
21	SA3－SLSB		4.5	4.5
22	SA4－SLSB		2.0	2.0
23	SA5－SLSB		0.6	0.6

根据上述监测数据，坝体水平位移特征为：

（1）左副坝坝段累计水平位移 0～14mm，左副坝 2 号块累计水平位移最大（约 14mm），与 3 号块位移相差 10mm。

（2）安装间坝段累计水平位移 14～18mm，安装间 2 号块与左副坝位移差 2mm。

（3）厂房水平位移 5～6mm，厂房 2 号块与安装间 1 号块位移相差 12mm。

（4）泄洪闸水平位移 6～11mm，9 号泄洪闸与厂房 1 号块水平位移相差 4mm。

（5）砂砾石坝段水平位移 1～5mm，砂砾石坝段与泄洪闸 1 号闸水平位移相差 5mm。

综上所述，坝体水平位移方向均指向下游，厂房水平位移值较小，泄洪闸次之，左副坝、安装间较其他部位位移值偏大。砂砾石坝因建成最迟，且坝体非刚性结构，故位移值较小，变形规律符合现场实际。

左副坝 1～2 号块、安装间 1～2 号块水平位移值较大，且与相邻坝段间水平位移差值较大，应密切注意并加强观测。

9.2.6　坝顶沉降（精密水准法）

9.2.6.1　监测仪器布置

混凝土坝段沉降测量采用预埋沉降钢管，施工期采用三角高程测量法观测混凝土坝体沉降。坝体浇筑到顶后，管顶安装、埋设水准标点，采用Ⅰ等精密水准法观测坝体沉降。泄洪闸右挡墙共布置 13 支预埋沉降钢管；厂房预埋沉降钢管共埋设 10 支，分别布置在厂房 1 号、2 号、3 号、4 号机组的上、中、下游；安装间共布置 4 支预埋沉降钢管，分别布置在安装间 1 号、2 号坝段上、下游侧。

9.2.6.2 监测资料分析

混凝土坝段坝顶各水准点的基准值时间为 2015 年 6 月 11 日，砂砾石坝段坝顶各水准点的基准时间为 2015 年 11 月 24 日。混凝土坝段水准测量成果见表 9.14，砂砾石坝段水准测量成果见表 9.15，鱼道水准测量成果见表 9.16，观测典型沉降数据过程线见图 9.15~图 9.20。

表 9.14　　　　　　　　　　　混凝土坝段水准测量成果表

序号	标点编号	本阶段沉降/mm (2016 - 10 - 20— 2017 - 06 - 19)	累计沉降/mm (2015 - 06 - 11— 2017 - 06 - 19)	备　　注
1	LD5 - ZFB	18.2	19.9	左副坝 5 号块坝顶
2	LD4 - ZFB	19.2	28.5	左副坝 4 号块坝顶
3	LD3 - ZFB	20.1	39.1	左副坝 3 号块坝顶
4	LD2 - ZFB	19.9	37.9	左副坝 2 号块坝顶
5	LD1 - ZFB	19.4	35.9	左副坝 1 号块坝顶
6	LD1 - AZJ	17.3	27.4	安装间 1 号块上游坝顶
7	LD2 - AZJ	18.5	30.6	安装间 2 号块上游坝顶
8	LDGG2 - AZJ1			安装间 1 号块下游，破坏后新建
9	LDGG2 - AZJ2			安装间 1 号块下游，破坏后新建
10	LD1 - CF	14.6	15.4	厂房 1 号块右岸上游侧
11	LD2 - CF	22.0	23.0	厂房 1 号块右岸下游侧
12	LD3 - CF	20.2	21.9	厂房 1 号块左岸下游侧
13	LD4 - CF	13.8	13.5	厂房 1 号块左岸上游侧
14	LD5 - CF	13.8	13.4	厂房 2 号块右岸上游侧
15	LD6 - CF	20.4	21.9	厂房 2 号块右岸下游侧
16	LD7 - CF	21.3	21.5	厂房 2 号块左岸下游侧
17	LD8 - CF	14.4	13.2	厂房 2 号块左岸上游侧
18	LD9 - CF	14.1	15.0	厂房 1 号块中央
19	LD10 - CF	14.3	14.1	厂房 2 号块中央
20	LD1 - WS	17.3	22.5	厂房尾水 1 号块右岸侧
21	LD2 - WS	16.4	22.2	厂房尾水 1 号块左岸侧
22	LD3 - WS	16.4	22.0	厂房尾水 2 号块右岸侧

序号	标点编号	本阶段沉降/mm (2016-10-20— 2017-06-19)	累计沉降/mm (2015-06-11— 2017-06-19)	备　　注
23	LD4-WS	17.0	21.2	厂房尾水 2 号块左岸侧
24	LD1-XHZ	17.1	21.9	1 号泄洪闸上游坝顶
25	LD2-XHZ	16.5	20.1	2 号泄洪闸上游坝顶
26	LD3-XHZ	16.0	20.0	3 号泄洪闸上游坝顶
27	LD4-XHZ	15.6	19.6	4 号泄洪闸上游坝顶
28	LD5-XHZ	15.4	19.6	5 号泄洪闸上游坝顶
29	LD6-XHZ	15.3	20.1	6 号泄洪闸上游坝顶
30	LD7-XHZ	15.3	19.2	7 号泄洪闸上游坝顶
31	LD8-XHZ	15.2	18.8	8 号泄洪闸上游坝顶
32	LD9-XHZ	15.0	18.5	9 号泄洪闸上游坝顶
33	LD9-XHZ-2	17.8	17.8	9 号泄洪闸坝顶电磁沉降管旁 2016 年 4 月 11 日新建
34	LD2-XHZYD	16.3	20.1	泄洪闸右挡墙 5 号块上游侧
35	LD3-XHZYD	16.4	21.2	泄洪闸右挡墙 5 号块下游侧
36	LD4-XHZYD	16.2	22.4	泄洪闸右挡墙 7 号块上游侧
37	LD5-XHZYD	17.6	23.4	泄洪闸右挡墙 7 号块下游侧
38	LD6-XHZYD	17.7	22.7	泄洪闸右挡墙 8 号块上游侧
39	LD1-XHZYD	18.0	21.0	泄洪闸右挡墙 8 号块中右岸侧 2015 年 7 月 24 日新建
40	LD7-XHZYD	18.2	24.2	泄洪闸右挡墙 8 号块下游侧
41	LD8-XHZYD	17.8	22.7	泄洪闸右挡墙 9 号块上游侧
42	LD9-XHZYD	18.0	21.4	泄洪闸右挡墙 9 号块下游侧

表 9.15　　　　　　　　　　　　砂砾石坝段水准测量成果表

序号	标点编号	本阶段沉降/mm (2016-10-20— 2017-06-19)	累计沉降/mm (2015-11-24— 2017-06-19)	备　　注
1	LD1-SLSB	19.7	22.5	砂砾石坝段左岸侧
2	LD2-SLSB	19.5	22.8	砂砾石坝段中段
3	LD3-SLSB	20.0	24.3	
4	LD4-SLSB	7.0	11.3	砂砾石坝段右岸侧
5	LD5-SLSB	7.3	11.4	

表 9.16　　　　　　　　　　　　　　鱼道水准测量成果表

序号	标点编号	本阶段沉降/mm (2016-04-11— 2017-06-19)	累计沉降/mm (2015-12-02— 2017-06-19)	备　　注
1	LD1-SYYD	14.9	19.2	
2	LD2-SYYD	14.7	18.6	
3	LD3-SYYD	14.4	18.5	上游鱼道
4	LD4-SYYD	14.6	19.8	
5	LD5-SYYD	14.8	20.3	
6	LD1-XYYD			
7	LD2-XYYD			下游鱼道，无法观测
8	LD3-XYYD			
9	LD4-XYYD			
10	LD5-XYYD	15.7	15.8	
11	LD6-XYYD	18.2	19.0	下游鱼道
12	LD7-XYYD	18.3	18.5	
13	LD8-XYYD	18.3	18.5	

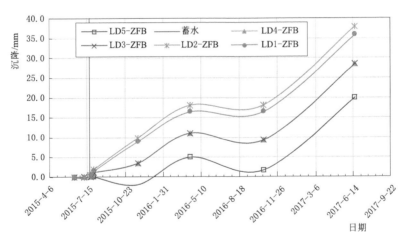

图 9.15　左副坝坝顶水准沉降监测数据过程线图

根据监测数据可看出：

（1）蓄水后，左副坝累计沉降较大，最大沉降出现在 3 号块，累计沉降 39.1mm，最大沉降差出现在左副坝 3 号块和 4 号块之间，沉降差 10.6mm。

（2）蓄水后，安装间坝段累计最大沉降出现在 2 号块，累计沉降 30.6mm，安装间 1 号块与 2 号块沉降差为 3.2mm，安装间 2 号块与左副坝 1 号块沉降差 5.3mm。

（3）蓄水后，发电厂房坝段累计最大沉降出现在 1 号块，累计沉降为 23.0mm，厂房 2 号机与 3 号机沉降差 0.1mm，厂房 4 号块与安装间 1 号块最大沉降差 14.2mm，厂房 1 号块与泄洪 9 号闸最大沉降差为 3.1mm。

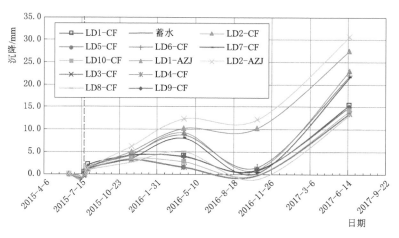

图 9.16　安装间、厂房坝顶水准沉降监测数据过程线图

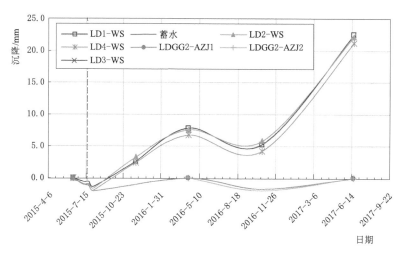

图 9.17　安装间、厂房下游尾水水准沉降监测数据过程线图

（4）蓄水后，厂房尾水坝段累计最大沉降出现在 1 号块，累计沉降为 22.5mm，厂房 2 号块尾水与 3 号块尾水沉降差 0.2mm。

（5）蓄水后，泄洪闸坝段累计最大沉降出现在 1 号泄洪闸，累计沉降为 21.9mm，厂房 1 号块与泄洪闸 9 号泄洪闸最大沉降差为 3.1mm。

（6）蓄水后，泄洪闸右挡墙累计最大沉降出现在 8 号块右岸侧，累计沉降为 24.2mm，1 号泄洪闸与泄洪闸右挡墙 8 号块最大沉降差为 2.3mm。

（7）蓄水后，砂砾石坝段累计最大沉降出现坝体中部（LD3 - SLSB），累计沉降为 24.3mm，砂砾石坝与泄洪闸右挡墙 8 号块最大沉降差为 3.3mm，且砂砾石坝段沉降表现为左岸侧较大、右岸侧较小，符合河床覆盖层右浅左深的规律。

（8）蓄水后，鱼道上游段累计最大沉降出现上游库区侧 LD5 - SYYD，累计沉降为 20.3mm，下游鱼道最大沉降出现在 LD6 - XYYD，沉降值为 19.0mm。值得注意的是，下游鱼道入口启闭机室位置出现较大变形（沉降和向河道滑移），启闭机室砖砌台阶和干砌石护坡出现较大裂缝，应引起重视。

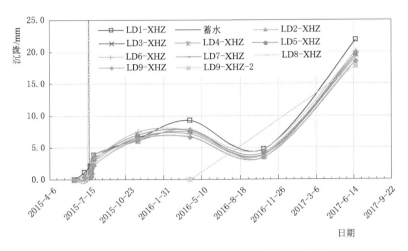

图 9.18 泄洪闸坝顶水准沉降监测数据过程线图

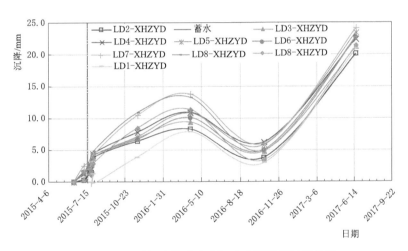

图 9.19 泄洪闸右挡墙水准沉降监测数据过程线图

综上所述，混凝土坝段和砂砾石坝段相对于右岸帷幕灌浆洞原点沉降均未收敛，应持续加强观测其变化趋势。但混凝土坝段（除左副坝）各块体之间沉降差相对较小，且绝对沉降和相对沉降差均在设计预期范围内。

左副坝坝段累计沉降较其他部位偏大，应引起重视。左副坝相邻块沉降差较大的原因为：左副坝基础为天然地基，未做加固处理，且左副坝 4 号块和 5 号块与 1 号块、2 号块、3 号块体型相差较大，4 号块、5 号块为坐落于斜坡上的三角形块体，而 1 号块、2 号块、3 号块为方形块体，4 号块和 5 号块较 1 号块、2 号块、3 号块块体自重较轻，故沉降小于 1 号块、2 号块、3 号块，沉降差符合现场实际情况和客观规律。

9.2.7 水准监测控制网

9.2.7.1 监测仪器布置

水准控制网为Ⅰ等精密水准，1956 年黄海高程基准。水准原点设置在右岸帷幕灌浆

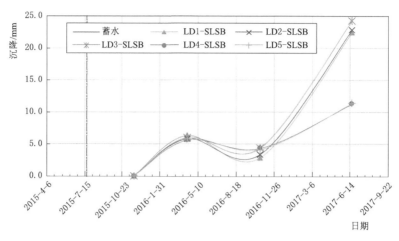

图 9.20　砂砾石坝段坝顶水准沉降监测数据过程线图

洞底，为 1 组基岩标。校核工作基点时，水准监测控制网测量以帷幕灌浆洞中水准原点 LE-1 和 LE-2 为基准，水准路线从右岸帷幕灌浆洞出发，到达右岸灌浆洞口水准工作基点，随后沿坝顶至左岸水准工作基点，再沿左岸交通道路至左岸坝后高程 3062.00m 平台水准工作基点。校测水准工作基点后，再按原线返回水准原点，采用往返闭合测量。水准监测控制网点分为岩石标和覆盖层标两种，每隔 150m 布置一个网点，共布置 10 个水准监测控制网点。

9.2.7.2　监测资料分析

水准监测控制网点水准测量成果见表 9.17，观测数据过程线如图 9.21 所示。

表 9.17　　　　　　　　　水准监测控制网点水准测量成果表

序号	标点编号	沉降/mm 2016-10-20— 2017-06-19	累计沉降/mm 2015-07-26— 2017-06-19	备　注
1	LE1	水准原点	水准原点	帷幕灌浆洞
2	LE2	0.0	0.0	
3	LS01	18.5	21.3	左坝肩
4	LS02	0.1	0.1	灌浆洞口，破坏后 2016 年 4 月新建
5	LS03	13.8	44.8	厂房进场公路旁
6	BM01	14.0	19.7	左岸上坝路旁
7	BM02	14.4	19.6	
8	BM03	14.5	17.6	
9	BM04	15.4	262.8	厂房进场公路旁
10	BM05	17.1	18.2	

蓄水前完成了水准监测控制网建网和观测，水准监测控制网中水准基点、水准工作基点和水准网点均按设计要求施工。其中仅 LE1、LE2 两个水准基点基础坐落于岩石

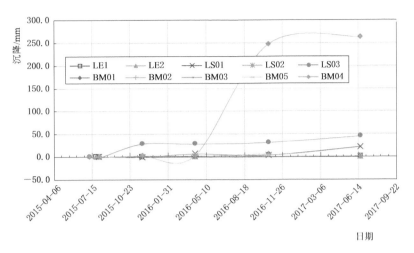

图 9.21 水准监测控制网观测数据过程线图

上（原帷幕灌浆洞洞底），其余控制网点均建于覆盖层上，且覆盖层扰动较大，基础未做钢管桩。

根据监测数据，水准网点相对于水准原点均有较大的变形，部分网点变形很大，其中 BM04 相对 LE1 水准原点沉降 262.8mm。

9.2.8 平面（三角）变形控制网

平面变形控制网由 8 个网点组成，为一等边角网。其中，5 个网点位于下游岸坡，2 个网点分别布置在大坝左右岸端点坝顶处，1 个位于泄洪闸右挡墙。

三角变形控制网点均建立在未受人为扰动的砂砾石覆盖层上，基础采用埋入覆盖层 1.2m，基础未做钢管桩。三角变形控制网在 2015 年 9 月进行了首次观测，在 2015 年 10 月进行了复测，复测结果满足一等三角变形控制网要求。三角变形控制网观测成果见表 9.18。

表 9.18　　　　　　　　　　三角变形控制网观测成果表

序号	点编号	平面等级	纵坐标 X/m	横坐标 Y/m	高程/m	标石类型	高程等级	备注
1	TN3	一等	271.7238	176.5114	3085.3787			
2	TN2	一等	−285.0707	126.4352	3094.7186			
3	TN1	一等	107.7478	492.6748	3076.0119	墩标	二等	大坝施工坐标
4	TN4	一等	−346.0152	−51.8951	3151.7507			
5	TN5	一等	335.0414	22.6921	3085.4022			

9.3 渗 流 监 测

本节分析自施工开始至 2017 年 6 月 20 日渗流监测仪器的数据，主要观测成果如下所述。

9.3.1　库水位监测

电站库水位由安装在左副坝和鱼道交界处的水位计（渗压计）测量，水位计安装高程3072.00m。库水位数据过程线如图9.22所示。

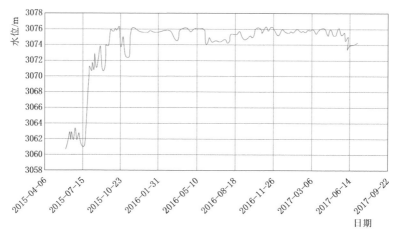

图9.22　库区水位数据过程线图

9.3.2　砂砾石坝段基础渗流

9.3.2.1　监测仪器布置

砂砾石坝段基础渗压计安装在坝右0＋70.00、坝右0＋170.00断面，埋设详细信息见表9.19。

表9.19　砂砾石坝段基础渗压计埋设详细信息

序号	仪器编号	断面	位置	高程/m	桩号	轴距	安装日期
1	P03－SLSB1	1—1′		3054.10		坝上0－036.95	2015－06－23
2	P04－SLSB1	1—1′		3068.10		坝上0－036.95	2015－06－23
3	P05－SLSB1	1—1′		3054.10		坝上0－027.00	2015－06－23
4	P06－SLSB1	1—1′		3053.41	坝右0＋70.00	坝上0－005.30	2015－04－4
5	P07－SLSB1	1—1′		3053.42		坝下0＋011.00	2015－04－04
6	P08－SLSB1	1—1′	砂砾石坝	3053.40		坝下0＋028.80	2015－04－04
7	P03－SLSB2	2—2′		3054.10		坝上0－036.95	2015－06－28
8	P04－SLSB2	2—2′		3068.10		坝上0－036.95	2015－06－28
9	P05－SLSB2	2—2′		3054.10		坝上0－027.00	2015－6－28
10	P06－SLSB2	2—2′		3053.10	坝右0＋170.00	坝上0－005.30	2015－04－12
11	P07－SLSB2	2—2′		3053.12		坝下0＋011.00	2015－04－12
12	P08－SLSB2	2—2′		3053.11		坝下0＋028.80	2015－04－12

9.3.2.2　监测资料分析

砂砾石坝段基础渗压计监测数据统计见表9.20、图9.23和图9.24。

表 9.20　　　　　　　　　　　　砂砾石坝段基础渗压计监测数据统计表

序号	仪器编号	最大值/m	最大值时间	最小值/m	最小值时间	平均值/m	变幅/m	当前值/m	备注
1	P03－SLSB1	3059.99	2016－07－01 12：00	3054.54	2015－06－23 16：00	3059.30	5.45	3059.05	
2	P04－SLSB1	3069.06	2015－10－18 16：30	3068.05	2015－07－29 17：17	3068.54	1.01	3068.30	
3	P05－SLSB1	3057.32	2015－06－28 16：00	3056.82	2017－03－24 18：00	3056.98	0.50	3056.91	
4	P06－SLSB1	3058.67	2016－07－01 12：00	3054.43	2015－06－07 17：14	3057.09	4.24	3057.13	
5	P07－SLSB1	3058.30	2015－10－11 9：30	3054.61	2015－06－07 17：14	3057.42	3.68	3057.50	
6	P08－SLSB1	3056.60	2017－02－02 18：00	3051.57	2016－12－15 18：00	3055.57	5.03	3056.48	数据跳动
7	P03－SLSB2	3059.80	2016－07－24 18：00	3056.22	2015－07－24 9：10	3059.12	3.58	3059.10	
8	P04－SLSB2								通道故障
9	P05－SLSB2	3060.52	2016－07－01 12：00	3056.54	2016－10－08 0：00	3059.42	3.98	3059.85	
10	P06－SLSB2	3057.94	2015－09－15 9：30	3054.34	2015－06－09 11：20	3056.93	3.60	3056.97	
11	P07－SLSB2	3060.52	2016－07－01 12：00	3054.31	2015－06－07 17：14	3058.14	6.21	3057.24	
12	P08－SLSB2	3057.98	2016－07－01 12：00	3053.83	2015－06－07 17：14	3056.44	4.15	3056.48	

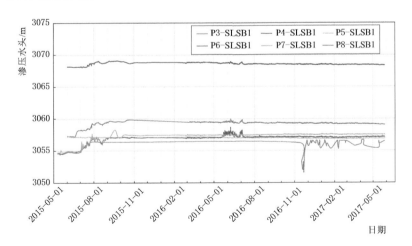

图 9.23　砂砾石坝段基础渗压计数据过程线图（1—1 断面基础）

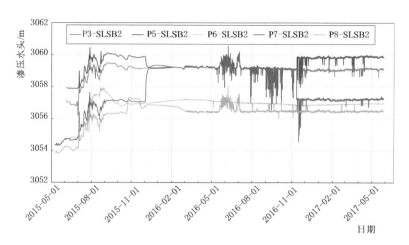

图 9.24　砂砾石坝段基础渗压计数据过程线图（2—2 断面基础）

根据数据统计表和水位过程曲线，蓄水后砂砾石坝段基础渗压计水位普遍上升，主要受坝前水位上涨和下游侧围堰基坑水位上升的双重影响。根据渗压计监测成果，基础渗压水位正常，未出现较大升幅，推测坝前和坝基排水体工作正常，未出现堵塞。

砂砾石坝段基础渗压计水位变化量不大，在 3056.00～3069.00m 之间。汛期基础部位渗压计均有不同程度变化，主要原因是下游河道水位上涨，河水倒灌进砂砾石坝下游二期围堰基坑致使测值变化。

应加强砂砾石坝防渗体系的巡视，重点检查下游岸坡是否有渗水或出水点，并观测下游基坑水位变化和下游围堰量水堰出水量的变化情况。

9.3.3　砂砾石坝段防渗墙渗流

9.3.3.1　监测仪器布置

砂砾石坝段防渗墙渗压计埋设详细信息见表 9.21。

表 9.21　　　　　　　　　砂砾石坝段防渗墙渗压计埋设详细信息表

序号	仪器编号	断面	位置	高程/m	桩号	轴距	安装日期
1	P03－FS8	8—8		3054.10	坝右 0＋042.00		2015－06－23
2	P04－FS8	8—8		3068.10			2015－06－23
3	P03－FS9	9—9		3054.10	坝右 0＋100.00		2015－06－24
4	P04－FS9	9—9		3068.10			2015－06－24
5	P03－FS10	1—10	砂砾石坝	3054.10	坝右 0＋200.00	坝上 0－036.95	2015－06－27
6	P04－FS10	10—10		3068.10			2015－06－27
7	P01－TGM	—		3070.00	坝左 0＋001.00		2015－06－23
8	P02－TGM	—		3070.00	坝右 0＋150.00		2015－06－23
9	P03－TGM	—		3070.00	坝右 0＋232.00		2015－06－23

9.3.3.2　监测资料分析

砂砾石坝段防渗墙渗压计监测数据统计见表 9.22，砂砾石坝段防渗墙土工膜下渗压计数据过程线和砂砾石坝段防渗墙后渗压计数据过程线分别见图9.25、图9.26。

表 9.22 砂砾石坝段防渗墙渗压计监测数据统计表

序号	仪器编号	最大值/m	最大值时间	最小值/m	最小值时间	平均值/m	变幅/m	当前值/m	备注
1	P03 - FS8	3060.35	2015 - 09 - 29 9：30	3056.74	2015 - 07 - 07 16：21	3059.42	3.61	3059.18	
2	P04 - FS8	3073.17	2015 - 10 - 11 9：30	3069.54	2015 - 07 - 07 16：21	3070.68	3.63	3070.12	
3	P03 - FS9	3058.83	2016 - 07 - 01 12：00	3055.17	2016 - 12 - 13 12：00	3057.37	3.66	3057.44	
4	P04 - FS9	3068.66	2015 - 09 - 02 17：00	3067.82	2015 - 06 - 24 23：00	3068.19	0.85	3068.02	
5	P03 - FS10	3060.51	2016 - 07 - 01 12：00	3056.64	2015 - 07 - 12 15：11	3059.12	3.87	3059.11	
6	P04 - FS10	3069.96	2015 - 08 - 29 9：30	3067.91	2015 - 08 - 02 16：27	3068.33	2.05	3068.43	
7	P01 - TGM	3072.90	2015 - 08 - 28 9：23	3069.82	2016 - 10 - 13 12：00	3070.11	3.08	3070.06	
8	P02 - TGM	3071.73	2015 - 08 - 28 9：23	3066.00	2016 - 10 - 13 12：00	3068.81	5.73	3068.78	
9	P03 - TGM								故障

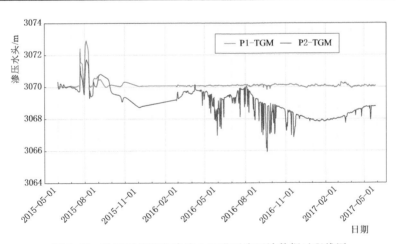

图 9.25 砂砾石坝段防渗墙土工膜下渗压计数据过程线图

根据数据统计表和水位过程曲线，蓄水后防渗墙后钻孔渗压计测值随库水位抬升普遍升高，砂砾石坝防渗墙渗透水位为3057.00～3070.00m，土工膜下渗透水位为3068.00～3071.00m，变化量均不大。

砂砾石坝防渗体系应加强巡视，重点检查下游岸坡是否有渗水或出水点，并观测下游基坑水位及下游围堰量水堰出水量的变化情况。

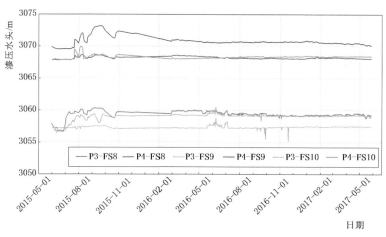

图 9.26 砂砾石坝段防渗墙后渗压计数据过程线图

9.3.4 砂砾石坝量水堰

9.3.4.1 监测仪器布置

砂砾石坝段量水堰布置于砂砾石坝段二期下游围堰上,采用人工观测量水堰前水尺,计算堰上水头高度,采用梯形堰计算方法进行参数计算。

9.3.4.2 监测资料分析

砂砾石坝段基坑渗水量一般为 300～400L/s,详见表 9.23,监测数据过程线见图 9.27。

表 9.23　　　　　　　　　　砂砾石坝段基坑渗水量

序号	观测日期	水尺读数/cm	堰前水头/cm	流量 Q/(L/s)	备 注
1	2016－05－16	69.50	23.50	317.84	中国水电基础局有限公司移交给中国水利水电第七工程局有限公司观测
2	2016－05－17	69.80	23.80	323.94	
3	2016－05－18	69.70	23.70	321.90	
4	2016－05－20	69.40	23.40	315.81	
5	2016－05－22	69.60	23.60	319.87	
6	2016－05－23	69.40	23.40	315.81	
7	2016－05－24	69.30	23.30	313.79	
8	2016－05－25	69.50	23.50	317.84	
9	2016－05－26	69.50	23.50	317.84	
10	2016－05－27	69.50	23.50	317.84	
11	2016－05－28	69.70	23.70	321.90	
12	2016－05－29	69.70	23.70	321.90	
13	2016－05－30	70.10	24.10	330.09	
14	2016－05－31	70.30	24.30	334.21	

序号	观测日期	水尺读数/cm	堰前水头/cm	流量 Q/(L/s)	备　　注
15	2016-06-01	70.20	24.20	332.14	
16	2016-06-02	70.10	24.10	330.09	
17	2016-06-04	71.30	25.30	355.05	
18	2016-06-05	71.40	25.40	357.15	
19	2016-06-06	72.50	26.50	380.60	
20	2016-06-07	72.70	26.70	384.92	
21	2016-06-08	72.90	26.90	389.25	
22	2016-06-09	72.80	26.80	387.09	
23	2016-06-10	—	—	—	河水倒灌，无法观测
24	2017-06-29	—	23.00	307.75	采用堰板上直接钢板尺测量堰上水头

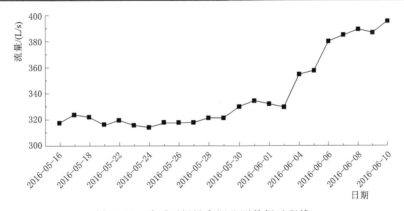

图 9.27　砂砾石坝量水堰监测数据过程线

砂砾石坝段量水堰渗水量受坝前水头和降雨影响，水量为 300~400L/s。

9.4　巡　视　检　查

9.4.1　右岸绕渗

2015 年坝体蓄水后，右岸山体下游侧出现了一些渗漏情况，利用秒表、漂浮物、卷尺等相关工具，对渗漏量进行了简易测量，结果见表 9.24。

表 9.24　　　　　　　　　　右岸绕渗水量统计结果

序号	时　　间	渗漏流量/(m³/s)			备　注
		右岸上坝路	排水槽	加奶村	
1	2016-05-24 11：20	0.106	1.576	0.654	
2	2016-06-10 15：10	0.092	1.478	0.775	人工测量
3	2016-06-20 16：00	0.091	1.540	0.699	

序号	时　　间	渗漏流量/(m³/s)			备　注
		右岸上坝路	排水槽	加奶村	
4	2016 - 06 - 28 10：30	0.081	1.572	0.859	
5	2016 - 07 - 06 9：10	0.095	1.508	0.734	
6	2016 - 07 - 13 15：00	0.086	1.421	0.773	
7	2016 - 07 - 20 11：00	0.089	1.478	0.742	
8	2016 - 07 - 27 9：30	0.084	1.484	0.720	
9	2016 - 08 - 07 10：30	0.081	1.464	0.696	
10	2016 - 08 - 12 15：45	0.096	1.389	0.619	
11	2016 - 08 - 19 17：30	0.095	1.632	0.694	
12	2016 - 08 - 26 17：30	0.092	1.507	0.650	人工测量
13	2016 - 09 - 04 10：30	0.101	1.384	0.650	
14	2016 - 09 - 11 10：00	0.096	1.433	0.721	
15	2016 - 09 - 18 11：00	0.100	1.395	0.685	
16	2016 - 09 - 24 10：30	0.096	1.388	0.687	
17	2016 - 09 - 30 11：00	0.097	1.370	0.670	
18	2016 - 10 - 08 11：00	0.095	1.373	0.661	
19	2016 - 10 - 16 11：00	0.100	1.482	0.697	
20	2016 - 10 - 23 10：00	0.097	1.240	0.652	
21	2016 - 10 - 30 11：00				封路
22	2016 - 11 - 06 10：30	0.100	1.580	0.673	
23	2016 - 11 - 13 11：00	0.093	1.692	0.690	
24	2016 - 11 - 20 11：00	0.103	1.754	0.703	
25	2016 - 11 - 25 11：00	0.101	1.709	0.685	
26	2016 - 12 - 04 15：00	0.098	1.665	0.654	人工测量
27	2016 - 12 - 11 15：00	0.100	1.634	0.652	
28	2016 - 12 - 18 15：00	0.100	1.604	0.654	
29	2016 - 12 - 24 10：00	0.101	1.629	0.645	
30	2017 - 06 - 25 9：40	0.044	1.477	0.566	

9.4.2　左岸鱼道进口启闭机室

日常巡视检查发现，下游鱼道入口启闭机室位置出现较大沉降，启闭机室砖砌台阶和干砌石护坡出现较大裂缝，如图9.28所示。

图 9.28 下游鱼道进口启闭机室裂缝

9.5 治 理 效 果 评 价

进行相应的工程治理后，采用不同监测方法综合检验了治理的效果。利用测斜仪、位移计、水准测量、水准控制网、平面变形控制网等手段对坝体及其附属设施进行变形监测，利用渗压计、现场量测等手段对库水位变化及坝基渗流变化进行监测，结合巡视检查掌握宏观变形迹象。对监测结果进行综合分析得出，蓄水后大坝运行整体安全稳定，除下游鱼道入口启闭机室部位出现较明显变形外，大坝变形及位移基本趋于收敛，说明工程治理措施取得了有效的成果。

第10章 结 语

当前我国水电开发的重点逐渐向西部转移，面临在超深、宽谷覆盖层上建坝，伴随的地质勘探、地基沉降与不均匀沉降、地基承载力与抗滑稳定性、防渗技术与渗透稳定控制等一系列工程技术难题，对深厚覆盖层的利用与处理提出了更严苛的标准。本书主要探讨水利水电工程领域特厚复杂覆盖层的勘察技术与软基处治问题。

依托水电工程的覆盖层厚度最深达365m，不仅厚度大，且形成原因、物质组成、工程特性等方面均较为复杂。针对深厚复杂成因覆盖层的勘察与工程治理问题，采用现场调查、物探钻探洞探、室内试验、原位测试、数值模拟、监测反馈等手段相结合，系统总结了深厚覆盖层的勘察方法，分析了水电站深厚覆盖层的成因机制，揭示了水电站深厚覆盖层的结构特征，给出了水电站深厚覆盖层的物理力学参数，评价了水电站深厚覆盖层工程地质问题，最后在工程治理的基础上开展了现场原位监测与数值计算互馈。

10.1 主 要 结 论

本书的主要结论如下：

（1）根据地质钻探和综合物探获得了深厚覆盖层的地层层序与空间分布，结合年代学测试成果，提出了复杂深厚覆盖层岩组划分新方法，综合考虑了气候成因、构造成因、崩滑流堆积成因、岩性成分等因素，证实了坝址冰川型河谷形成年代起于"共和运动"时期，约在15万aBP左右。

（2）针对第6层砂层和第8层砂层存在的地震液化问题，采用室内动力三轴试验等系列试验，构建了能反映复杂成因和工程地质性状差的巨厚覆盖层力学性质的本构模型、计算方法和参数取值方法，实现了巨厚覆盖层基础力学特性响应的精细评价。

（3）针对深厚覆盖层易于发生管涌的特点，重点开展了管涌渗透破坏机理分析，建立了含贯通管道多孔介质渗流-自由流耦合模型，揭示了差异流速界面颗粒冲刷启动机理，提出了砂土液化初判-复判实施原则和划定砂土液化可能性的标准，突破了现有标准仅对砂土液化评判的简单描述。

（4）针对深厚覆盖层具有非均匀渗透的层序沉积韵律特征，构建了周期性复合地层Naiver-Stokes水流与Non-Darcy渗流耦合非线性数学模型，揭示了不同岩组差异渗流界面细观力学效应，实现了不同岩组差异渗流界面力学效应对渗透稳定影响的量化评价。

（5）基于水工建筑物产生的荷载对巨厚覆盖层地基的影响深度不超过水工建筑物高度两倍的特征，提出采用柔性桩基础等综合处理措施能解决巨厚覆盖层地基承载力和不均匀变形控制两个关键核心问题。

（6）成功解决了在超300m厚复杂成因覆盖层上建坝面临的地质勘探、地基沉降与不均匀沉降、地基承载力与抗滑稳定性、防渗技术与渗透稳定控制等一系列工程难题。研究成果填补了我国水电站超 300m 厚复杂成因覆盖层地基勘察与工程处理技术研究的空白，总体达到国际领先水平。

（7）研究成果成功应用于依托工程，电站的顺利建成有效地缓解了区域电网缺电局面，为地区社会稳定、人民生活实现全面小康奠定基础。研究成果适用于复杂巨厚覆盖层的勘察与工程治理。我国西部地区普遍存在深厚覆盖层的地质条件，因此科研成果的推广应用能有效指导超 300m 厚复杂覆盖层的水电站工程的勘察、设计、施工，能有效解决类似工程建设技术难题，确保工程安全；对完善复杂地质条件下水电建设技术，促进行业发展具有重要意义。

（8）水电站深厚覆盖层的砂层和粉细砂层的力学性质较差，易出现不均匀沉降，尤其是第 6 层位于大坝底部 6～10m，地基土承载力与变形性能较差。未来其他项目面临类似第 6 层的砂层和粉细砂层，可借鉴该工程固结灌浆和桩基置换等工程处理措施。

（9）深厚覆盖层坝基渗透变形破坏问题突出，覆盖层粗粒土的渗透变形以管涌和过渡型为主，细粒与砂粒土以流土为主，类似工程可考虑采取坝前铺设防渗铺盖，加深帷幕灌浆的深度，从而减小渗透比降、预防渗透破坏。

10.2 创 新 性 进 展

本书在以下方面取得了创新性进展：

（1）提出了复杂深厚覆盖层岩组划分新方法，能综合考虑气候成因、构造成因、崩滑流堆积成因、岩性成分等因素。

（2）构建了能反映复杂巨厚覆盖层力学性质的本构模型、计算方法和参数取值方法，实现了巨厚覆盖层基础力学特性响应的精细评价。

（3）提出了砂土液化初判-复判实施原则和划定砂土液化可能性的标准，建立了管道充填渗流-自由流耦合模型，揭示了差异流速界面颗粒冲刷启动机理。

（4）构建了周期性复合地层 Naiver-Stokes 水流与 Non-Darcy 渗流耦合非线性数学模型，揭示了不同岩组差异渗流界面细观力学效应，实现了不同岩组差异渗流界面力学效应对渗透稳定影响的量化评价。

（5）基于水工建筑物产生的荷载对巨厚覆盖层地基的影响深度不超过水工建筑物高度两倍的特征，提出采用柔性桩基础等综合处理措施，能够解决巨厚覆盖层地基承载力和不均匀变形控制两个关键核心问题。

参 考 文 献

鲍士敏，1981. 工程勘察取土技术的综合报导 [J]. 工程勘察 (3)：46 - 47，59.

陈星，陈福，2004. 浅层地震折射波法在探测河床覆盖层厚度中的应用 [J]. 浙江水利科技 (5)：
　　12 - 13.

窦国仁，1999. 再论泥沙起动流速 [J]. 泥沙研究，6 (1)：3 - 11.

樊立敏，符文熹，魏玉峰，等，2017. 径流条件下散粒体斜坡的颗粒冲刷启动机理 [J]. 工程科学与技
　　术 (S2)：128 - 134.

冯建明，2001. 田湾河大发电站闸址深厚覆盖层勘探的实践 [J]. 四川水力发电，20 (3)：77 - 78.

符文熹，戴峰，夏敏，等，2015. 粗粒土渗流直剪试验装置及方法 [P]. 中国发明专利：
　　ZL 201510642539.1.

符文熹，魏玉峰，雷孝章，等，2018. 一种模拟岩土体中管道水流壁面拖曳力效应的测试系统及测试方
　　法 [P]. 中国发明专利：ZL 201810387678.8.

符文熹，郑星，2011. 组装式变尺寸试验盒套件 [P]. 中国发明专利：ZL201110412235.8.

符文熹，郑星，2011. 组装式变尺寸直剪压缩仪 [P]. 中国发明专利：ZL 201110412228.8.

符文熹，周洪福，魏玉峰，等，2015. 多空隙组合地质单元渗透模拟材料及其制备方法 [P]. 中国发明
　　专利：ZL 201510639234.5.

何文社，曹叔尤，刘兴年，等，2003. 泥沙起动临界切应力研究 [J]. 力学学报，35 (3)：326 - 331.

何文社，曹叔尤，袁杰，等，2004. 斜坡上非均匀沙起动条件初探 [J]. 水力发电学报，23 (4)：
　　78 - 81.

何文社，杨具瑞，方铎，等，2002. 泥沙颗粒暴露度与等效粒径研究 [J]. 水利学报，33 (11)：44 - 48.

化建新，郑建国，2017. 工程地质手册：第 5 版 [M]. 北京：中国建筑工业出版社.

黄大明，陈志坚，1986. 第四纪地层的工程地质问题初探 [J]. 水利水电技术 (9)：8 - 14.

李辉，2012. 深厚覆盖层建坝勘察技术应用与探讨 [J]. 中国水运 (下半月)，12 (6)：173 - 174.

李仁鸿，2005. 狭窄河谷深厚覆盖层"拱上拱"方案研究 [J]. 水电站设计，21 (3)：19 - 22.

李志远，2012. 大渡河安宁水电站深厚覆盖层勘探技术与方法概述 [J]. 水利水电技术 (9)：86 - 91.

林建忠，阮晓东，陈邦国，等，2013. 流体力学：第 2 版 [M]. 北京：清华大学出版社.

林鑫，豆中强，陈永光，2006. Navier - Stokes 方程的球坐标列矢量变换 [J]. 江汉大学学报 (自然科
　　学版)，34 (3)：11 - 13.

林在贯，1981. 采取不扰动土样的理论与实践 [J]. 工程勘察 (3)：37 - 41.

刘杰，2006. 土石坝渗流控制理论基础及工程经验教训 [M]. 北京：中国水利水电出版社.

隆威，王祖平，纪鹏，等，2011. 新型无粘土冲洗液的研究与应用 [J]. 勘察科学技术 (1)：59 - 61.

孟永旭，2000. 下坂地水库坝址深厚覆盖层工程特性及主要地质问题初步评价 [J]. 陕西水利水电技
　　术 (2)：48 - 51.

彭土标，2011. 水力发电工程地质手册 [M]. 北京：中国水利水电出版社.

钱宁，万兆惠，1983. 泥沙运动力学 [M]. 北京：科学出版社.

任镇寰，1983. 第四纪地质学 [M]. 北京：地震出版社.

沙金煊，1981. 多孔介质中的管涌研究 [J]. 水利水运工程学报，1 (3)：89 - 93.

拾兵，曹叔尤，刘兴年，等，2003. 任意面上非均匀沙起动流速矢量式 [J]. 水动力学研究与进展，18（4）：505 - 509.

舒付军，符文熹，魏玉峰，等，2018. 部分充填周期性裂隙岩体渗流理论分析与试验 [J]. 湖南大学学报（自然科学版），45（1）：114 - 120.

舒付军，涂园，符文熹，2016. 无充填周期性裂缝岩体的等效渗透系数 [J]. 工程科学与技术，48（6）：31 - 36.

汤立群，1996. 流域产沙模型的研究 [J]. 水科学进展，7（1）：47 - 53.

王霜，陈建生，钟启明，等，2018. 散粒土管涌临界水力梯度的研究 [J]. 水电能源科学，36（9）：114 - 117.

王晓秋，1988. 工程地质钻探设备选择及钻进工艺 [J]. 江苏地质（2）：44，48 - 49.

魏汝龙，1986. 软粘土取土技术及其改进 [J]. 岩土工程学报，8（6）：113 - 125.

夏伟，符文熹，赵敏，等，2016. 多空隙组合地质单元渗流理论分析与试验 [J]. 岩土力学，37（11）：3175 - 3183.

许波琴，陈建生，梁越，2012. 细砂管涌破坏试验及渗透变形分析 [J]. 水电能源科学，30（6）：66 - 69.

薛晨，符文熹，何思明，2018. 组装式变尺寸直剪仪的研制 [J]. 岩土力学，39（10）：409 - 416.

杨具瑞，曹叔尤，方铎，等，2004. 坡面非均匀沙起动规律研究 [J]. 水力发电学报，23（3）：102 - 106.

叶唐进，谢强，王鹰，2016. 国道 G318 玉普 - 然乌段溜砂坡形成中水流的作用的讨论 [J]. 公路，61（7）：63 - 67.

张平仓，汪稳，2000. 施工实践中加固深度问题浅析 [J]. 岩土力学，21（4）：76 - 80.

张拥军，彭中柱，2019. 水利工程深厚砂砾石覆盖层勘探方法 [J]. 湖南水利水电，224（6）：25 - 27，30.

郑星，敖大华，张胜，等，2014. 一种粗粒土直剪试验可视化剪切装样盒 [P]. 中国发明专利：ZL 201410089816.6.

中华人民共和国水利部，2019. 土工试验方法标准：GB/T 50123—2019 [S]. 北京：中国计划出版社.

钟诚昌，1996. 深厚覆盖层地区工程物探方法技术探讨 [J]. 水力发电（5）：34 - 38.

AHLINHAN M F，ADJOVI C E，2018. Combined geometric hydraulic criteria approach for piping and internal erosion in cohesionless soils [J]. Geotechnical Testing Journal，41（6）：180 - 193.

CHIEW Y M，PARKER G，1994. Incipient sediment motion on non - horizontal slopes [J]. Journal of Hydraulic Research，32（5）：649 - 660.

DALRYMPLE R W，ZAITLIN B A，1994. High - resolution sequence stratigraphy of a complex, incised valley succession, Cobequid Bay - Salmon River estuary, Bay of Fundy, Canada [J]. Sedimentology，41（6）：1069 - 1091.

DEO S，DATTA S，2002. Slip flow past a prolate spheroid [J]. Indian Journal of Pure and Applied Mathematics，33（6）：903 - 909.

DEO S，DATTA S，2003. Stokes flow past a fluid prolate spheroid [J]. Indian Journal of Pure and Applied Mathematics，34（5）：755 - 764.

DEO S，SHUKLA P，2009. Creeping flow past a swarm of porous spherical particles with Mehta - Morse boundary condition [J]. Indian Journal of Biomechics，7：123 - 127.

EINSTEIN H A，EL - SAMNI E S A，1949. Hydrodynamic forces on a rough wall [J]. Reviews of Modern Physics，21（3）：520 - 524.

FISK H N, MCFARLAN E, 1955. Late Quaternary deltaic deposits of the Mississippi River (local sedimentation and basin tectonics) [J]. Geological Survey of America, 62: 279 – 302.

FLESHMAN M S, RICE J D, 2013. Constant gradient piping test apparatus for evaluation of critical hydraulic conditions for the initiation of piping [J]. Geotechnical Testing Journal, 36 (6): 834 – 846.

FOSTER M, FELL R, SPANNAGLE M, 2000. The statistics of embankment dam failures and accidents. Canadian Geotechnical Journal, 37 (5): 1000 – 1024.

FUJISAWA K, MURAKAMI A, NISHIMURA S I, 2010. Numerical analysis of the erosion and the transport of fine particles within soils leading to the piping phenomenon [J]. Soils & Foundations, 50 (4): 471 – 482.

GROSAN T, POSTELNICU A, POP I, 2009. Brinkman flow of a viscous fluid through a spherical porous medium embedded in another porous medium [J]. Transport in Porous Media, 81 (1): 89 – 103.

HOFFMANS G, RIJN L V, 2018. Hydraulic approach for predicting piping in dikes [J]. Journal of Hydraulic Research, 56 (2): 268 – 281.

HVORSLEV M J, 1949. Subsurface exploration and sampling of soils for civil engineering purposes [M]. New York: American Society of Civil Engineers.

INDRARATNA B, RADAMPOLA S, 2002. Analysis of critical hydraulic gradient for particle movement in filtration [J]. Journal of Geotechnical and Geoenvironmental Engineering, 128 (4): 347 – 350.

JAISWAL B R, GUPTA B R, 2015. Stokes flow over composite sphere: liquid core with permeable shell [J]. Journal of Applied Fluid Mechanics, 8 (3): 339 – 350.

KOVACS G, 1981. Seepage Hydraulics [M]. New York: Elsevier Scientific Publishing Company.

LIANG Y, ZENG C, WANG J, et al, 2017. Constant gradient erosion apparatus for appraisal of piping behavior in upward seepage flow [J]. Geotechnical Testing Journal, 40 (4): 630 – 642.

MING P, LU J, CAI X, et al, 2020. Multi – particle model of the critical hydraulic gradient for dike piping [J]. Soil Mechanics and Foundation Engineering, 57 (2): 2200 – 2210.

OCHOA – TAPIA J A, WHITAKER S, 1995a. Momentum transfer at the boundary between a porous medium and a homogeneous fluid—I. Theoretical development [J]. International Journal of Heat & Mass Transfer, 38 (14): 2635 – 2646.

OCHOA – TAPIA J A, WHITAKER S, 1995b. Momentum transfer at the boundary between a porous medium and a homogeneous fluid—II. Comparison with experiment [J]. International Journal of Heat & Mass Transfer, 38 (14): 2647 – 2655.

OJHA C S P, SINGH V P, 2001. Influence of porosity on piping models of levee failure [J]. Journal of Geotechnical and Geoenvironmental Engineering, 127 (12): 1071 – 1074.

RICHARDS K S, REDDY K R, 2007. Critical appraisal of piping phenomena in earth dams [J]. Bulletin of Engineering Geology and the Environment, 66 (4): 381 – 402.

SHIELDS A, 1936. Application of the theory of similarity principles and turbulence research to the bed load movement [J]. Mitt. der Preussische Versuchanstalt fur Wasserbau und Schiffbau, 26: 5 – 24.

SIMONS D B, SENTURK F, 1977. Sediment transport technology [M]. Water Resources Publications.

SKEMPTON A W, BROGAN J M, 1994. Experiments on piping in sandy gravels [J]. Geotechnique, 44 (3): 449 – 460.

SRIVASTAVA A C, SRIVASTAVA N, 2005. Flow past a porous sphere at small Reynolds number [J]. Zeitschrift Für Angewandte Mathematik Und Physik Zamp, 56 (5): 821 – 835.

TAMMY J, 2013. An analysis on soil properties on predicting critical hydraulic gradients for piping progression in sandy soils [D]. Utah State University.

TERZAGHI Z V, 1965. Experimental investigation of the pressure of a loose medium on retaining walls with a vertical back face and horizontal backfill surface [J]. Soil Mechanics and Foundation Engineering, 2 (4): 197 – 200.

WHITE C M, 1940. The equilibrium of grains on the bed of a stream [J]. In: proceedings of the Royal Society A: Mathematical, Physical and Engineering Sciences, 174 (958): 322 – 338.

WILKINSON B H, BYRNE J R, 1977. Lavaca Bay – transgressive deltaic sedimentation in central Texas estuary [J]. AAPG Bulletin, 61 (4): 527 – 545.

YADAV P K, DEO S, 2012. Stokes flow past a porous spheroid embedded in another porous medium [J]. Meccanica, 47 (6): 1499 – 1516.

YE F, DUAN J C, FU W X, et al, 2019. Permeability properties of jointed rock with periodic partially filled fractures [J]. Geofluids, 4: 1 – 14.

ZHANG S, YE F, FU W, 2021. Permeability characteristics of porous rock with conduits under Stokes – Brinkman – Darcy coupling model [J]. International Journal of Geomechanics, 21 (6): 04021069.

ZHANG S, ZHANG B, YE F, et al, 2021. A closed-form solution for free-and seepage-flow field in axisymmetric infilled conduit. Groundwater, 60 (1): 112 – 124.

ZHOU J, BAI Y F, YAO Z X, 2010. A mathematical model for determination of the critical hydraulic gradient in soil piping [A]. Geoshanghai International Conference.